人気ハーブの育て方と
楽しみ方がわかる
入門決定版

新版

はじめてのハーブ栽培 定番50

監修／小黒 晃

Herb

JN002822

GARDEN PARTY

香り立つガーデンパーティ

ハーブを飾り、ハーブ料理でもてなす宮本さん。ペパーミントを添えたドリンクやレモンバームのケーキをどうぞ召し上がれ!

ハーブスペシャリストの素敵な生活と楽しみ方

憧れのあの人のHERBAL LIFE

GARDENS ガーデンデザイナー

宮本里美さん　@8787gardens

さまざまな種類のハーブを日々の暮らしの中で活用しているおふたりに、お庭とお部屋で簡単に楽しめるアイデアを教えていただきました。ハーブは、香りとともに幸せを運んでくれる一番身近な植物。あなたもハーブで暮らしを素敵に彩ってみませんか?

Tea Time
お茶の時間

右／リース形にハーブをあしらったお菓子で午後のひとときを。レモングラスティーはレモングラスの葉をくるくる巻いてカップに入れ、熱湯を注ぎ、レモンマリーゴールドのお花を浮かべたもの　左／淡い紫色とスミレ柄でテーブルコーディネートしたスミレのお茶会。砂糖漬けは葉っぱや茎まで使うのがGARDENS流。チョコレートケーキの上にかわいく飾って。

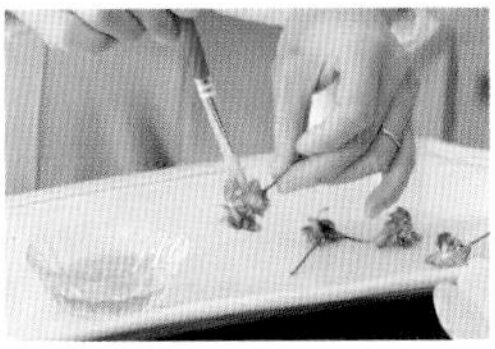

Herb Idea

庭からスミレを摘み、水洗いして水分をふき取り、刷毛でブランデーをつけ、グラニュー糖をふりかければ、スミレの砂糖漬けの完成！

幸せのエッセンスがいっぱいの ハーブで暮らしを楽しく心地よく

GARDENS LIFEと題し、庭のある暮らしの楽しさを伝えている宮本さん。定期的に催すレッスンでは、ハーブや香りのよい花をテーマにしたお茶会や花遊びも人気です。「庭は身近な小さな自然。庭と暮らすと何気ない幸せを感じます。特にハーブが持つ力は大きく、触れるだけで癒され元気をもらえます」。ハーブを育て多様な楽しみ方を日々発信しています。

香りのよいバラを摘み、砂糖と煮詰めてジャムを作り、熱湯を注いでピンク色のローズティーに。庭のバラを飾って、バラがほのかに香るティータイムは幸せを感じる時間。バラをモチーフにしたお菓子を添えれば気分が一層盛り上がる。

お客さまが来る日はハーブでおもてなし。この日はカモミールティーとローズゼラニウムゼリー、ローズマリーベースのショートブレッドを用意。

Tussie Mussie Bouquet

タッジーマッジー作り

花咲くハーブを束ねて作るナチュラルで華やかな香りのブーケ「タッジーマッジー」。花材に選んだのはコーンフラワー（青紫、薄ピンク、白）、ニゲラ（つぼみ）、カモミール、ローズゼラニウムなど。「庭のハーブを摘み、十分水揚げをしたら、ラウンド状にまとめ、麻ひもやラフィアで束ねるだけで簡単に作れます。たくさん作ったらプレゼントしても素敵」。

Herb Idea

右／ローズマリーの枝葉を添えロウソクを灯せば、香り高いハーブキャンドルに。　左／斑入りのパイナップルミントをたっぷりと飾ると、室内がさわやかな甘い香りに包まれる。梅雨の時期、生育旺盛なハーブは蒸れやすいので、思い切ってカットしてお部屋で楽しんで。

Botanical Interior
ボタニカルインテリア

Herb Idea

白花のフランネルフラワー、クリスマスローズ、ニゲラと青花のコーンフラワー、アスチルベをセージ色のリボンで束ね、大人ナチュラルなスワッグを手作り。ドライフラワーのようにハンギングして、ボタニカルインテリアに。徐々にドライになっていくのを眺めるのも楽しい。

Herb Craft
ハーブクラフト

火を使わなくても香るキャンドル「アロマワックスバー」。ワックスにラベンダーのアロマオイルを加え、さらにドライの花を飾りつけ、大人かわいいデザインに。

タッジーマッジーを作っている様子。テーブルいっぱいにハーブを広げ、組み合わせながら徐々に完成させていく。

sepianomori

ハーブクラフト作家

近藤洋子さん　@sepianomori

その時の気分でハーブを選び、いつも暮らしの中に香りの花束を

　アトリエ「セピアの森」を主宰する近藤さん。ハーブアレンジメントのほかポプリクラフト、リボンワークなど季節ごとの香り小物の制作活動や楽しみ方をSNSで発信しています。「ハーブクラフトは花壇やコンテナから自由に摘み取って作れる気ままさが好き」という近藤さん。収穫量の多い春夏は生葉を、秋冬はドライにしてハーブのある暮らしを楽しんでいます。

カモミールがあふれ咲く春の花壇。摘みたての花は、リンゴに似たさわやかで甘い香り。日が暮れると花びらが閉じ、黄色い花芯が帽子のようで愛らしい。

イングリッシュラベンダーが香り立つ近藤邸のフロントガーデン。フレッシュのラベンダーはリボンで編み込んでバンドルズにすれば、香りを長く楽しめる。

WREATH & BOUQUET
リースとブーケで香りのお部屋に

大輪花のバラ‘シャンテ・ロゼ・ミサト’を主役に、小輪系～極小輪のバラと7種類のハーブを散りばめた春爛漫のテーブルリース。つぼみも混ぜれば、長い間、観賞を楽しめる。

バラとクレマチスとハーブ（ミント、ローズマリー、サントリナ）をボール状にまとめ、窓辺にハンギング。同じ時期に咲く庭の草花も盛り込むと、見た目がグンと華やかに。

Fresh Herbs
フレッシュハーブの楽しみ方

春夏の楽しみともいえるフレッシュハーブは、清涼感漂う香りとやわらかな葉、可憐な花が魅力。飾って使って、香りを思う存分に楽しんで。

HERB BALL
ハーブボールでリラックス

たっぷりの生葉をガーゼで包み、電子レンジで温めるか蒸し器で蒸してマッサージボールとして活用。好みのハーブを数種類ミックスすればオリジナルの香りが作れ、香りとともに疲れが癒される。

HERB TINCTURE & WATER
ハーブチンキと蒸留水を活用

左・中／甘く香るキンモクセイの花を集め、アルコールに漬け込んで作ったチンキ。直射日光の当たらない場所で保管すれば1年ほど保存できる。右／マートルの葉のエキスを蒸留器で抽出し、清涼感のあるハーブウォーターに。マスクにスプレーすると抜群のリラックス効果。

Potpourri
ポプリ

モイストポプリは香りが長続きするのが特徴。容器の底に粗塩を入れ、バラの花びら→粗塩→ラベンダー→粗塩→タイムの順に重ね、熟成させる。花やハーブ、精油を継ぎ足せば十数年と香り続ける。

Dry Herbs
ドライハーブの楽しみ方

水分が抜け、色が深まった花や葉は趣たっぷりで、フレッシュとは違った大人っぽい表情に。ぜひドライハーブ作りにも挑戦してみて。

オーガンジーのリボンで彩ったラベンダーのルームフレグランス。花器にオアシスを詰め、5cmほどにカットしたドライラベンダーを差し込めばでき上がり。

卵の殻の中にドライポプリを入れて香りを楽しむエッグポマンダーは、イースターのインテリア小物として人気。吊るすほか、テーブルに置いても素敵。

文香からヒントを得て、洋風にアレンジしたレターフレグランス。封筒型の袋にドライポプリを詰め、手紙に添えて香りの贈り物にしてみては。

Sachet
サシェ

右／ドライハーブと端切れだけで作れるサシェ（匂い袋）。このサシェは、コロンとした巾着型とハンギングできるのがポイント。ハンガーに掛けてタンスに入れ、防虫を兼ねて移り香を楽しんだり、ドアに引っ掛けたり、インテリア感覚で飾ったりと使い方は自由自在。中／好みの布とリボンがあれば世界にひとつだけのサシェが作れる。袋にイニシャルをステッチしても素敵。左／中にドライハーブを入れたお手玉風のサシェ。愛らしい小花柄の生地で包めば、おしゃれに大変身！ 箱に詰めれば贈り物にも最適。

Pomander
ポマンダー

ポマンダーは、一般的にはオレンジを使いますが、庭で実ったユズやリンゴで作ったら、こんなに小さくてかわいいポマンダーに。ポマンダーはタッジーマッジーと同じように、魔除けや厄病除けのためのお守りという意味を持ち、ヨーロッパでは、今でもクリスマスや新年のプレゼントとして交換する習慣があるそう。果物の皮の表面いっぱいに刺してあるクローブは、強い殺菌・抗菌作用で細菌を寄せつけず、何年経っても果物が腐らないほどの効果があると言われている。

Contents

新版 はじめてのハーブ栽培定番50

初心者でも育てやすい
基本のハーブ10

どんどん収穫できる
一年草ハーブ12

毎年楽しめる
多年草ハーブ19

植えっぱなしでOK
常緑&樹木のハーブ9

さらに楽しむハーブ栽培

本書の使い方

ハーブと言えば誰でも思い浮かぶ、おなじみハーブを50種類ご紹介しています。育て方のポイントはもちろん、活用方法も丁寧に解説。香りや花色などガーデニングからの視点のほか、生活の中での用途でも選べるのが魅力です。

初めてハーブを育てる方におすすめの基本の10種は4ページを使って紹介

ガーデニング初心者でも育てやすく、用途も幅広い、ハーブの代表格10種は、たっぷり4ページを使って紹介しています。

人気のハーブ40種の魅力を2ページに凝縮

「一年草」「多年草」「常緑＆樹木」と園芸上の分類別に人気のハーブを紹介。

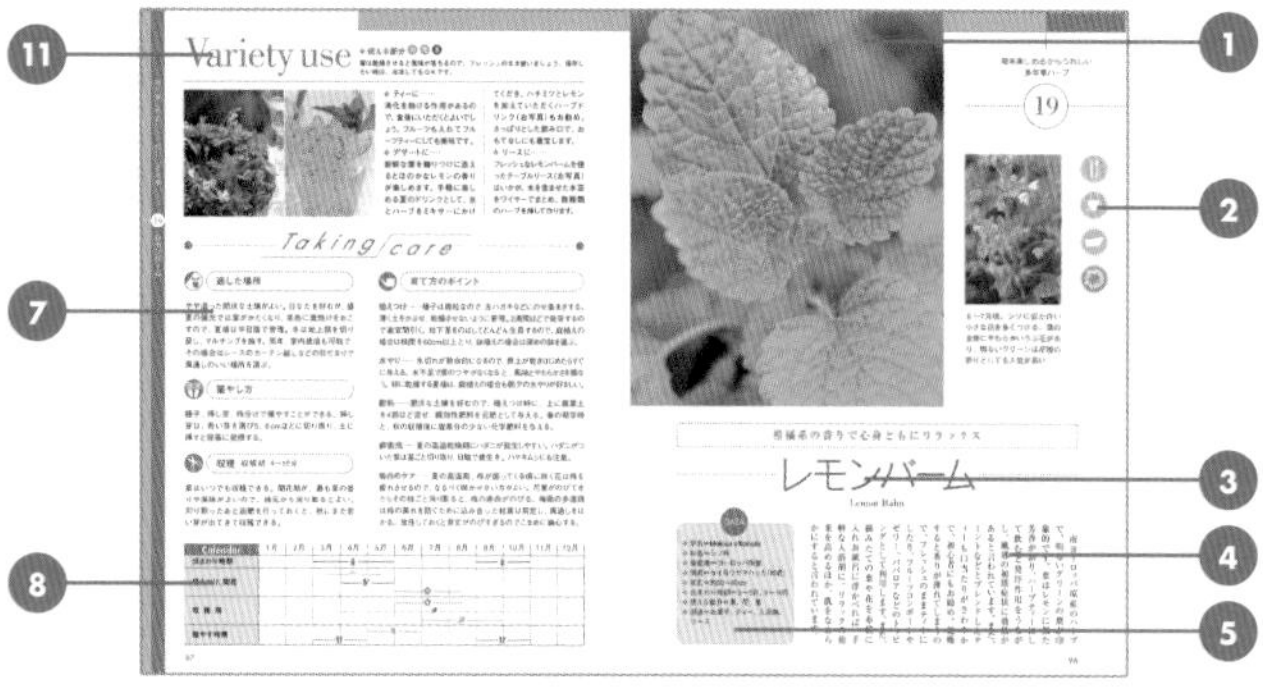

❶その品種の葉や花の特徴がわかる写真を最初に紹介

❷使える用途をひと目でわかるようアイコンで表示

- 料理に向く
- 浴用（入浴剤、石けんなど）に向く
- 飲み物（ティー、カクテルなど）に向く
- クラフト（ポプリ、キャンドルなど）に向く
- 美容・薬用（化粧水、ハンドクリームなど）に向く

❸一般的に知られている品種名と英名を表記

❹本文では、私たちの暮らしを豊かに演出するハーブの魅力について解説しています

❺原産地や草丈など植生データを掲載。出まわり時期は、元気のよい苗が多く出まわる「苗の旬」を示します。温室栽培の苗は含んでいません

❻基本の10種はたくさんある仲間の特徴を写真とともに解説

❼「Taking care」では、育てる時に知っておきたいことを項目別にまとめました

❽出まわり時期、植えつけ適期、開花時期、収穫期、殖やす時期など、アイコンを使ってカレンダー形式で紹介

出まわり時期	苗の出まわり
植えつけ、開花	苗の植えつけ　種子まき　開花 球根の植えつけ
収穫期	花　葉・茎　実（種子）　球根　根
殖やす時期	株分け　挿し木・挿し芽　種子まき 球根の分球　ランナー

❾そのハーブを使ったガーデニングでの楽しみを提案するミニコラム

❿使える部分とその用途を説明。食べてもおいしくないものや、害を及ぼすものは食用に適さない旨を明記しています

⓫「Variety use」では、紹介したハーブを使った、楽しみ方をいくつかピックアップしました。ハーブを育てたら、ぜひ試してみたいレシピも掲載

※データや育て方のポイント、カレンダーは、主に代表品種についての情報です。

ハーブを薬用として用いる場合は、専門医の指示のもとでご使用ください。アレルギー体質の方、妊娠中の方、高血圧の方、持病をお持ちの方などは、使用を控えた方がよいハーブもありますので、特に注意が必要です。

ハーブ・アロマ
テラピー専門店「生活の木」に教わる

自家製ハーブの楽しみ方

育てたハーブがあるだけで、さまざまな方法で
香りを暮らしに生かすことができます。
「たっぷり収穫したのに使いそこなってしまった!」
といったことのないように、いつでも簡単に楽しめる
「香りのレシピ」を教わりました。
すくすく育ってくれたハーブをどんどん使って、
香りの幸せを体感してください!

Herb Tea

摘みたてをたっぷり使いたい

フレッシュハーブティー

収穫したハーブを楽しむ最も身近な方法が、ハーブティー。
摘みたてのハーブにお湯を注ぐだけで完成します。ドライでは味わえないフレッシュな香りが魅力です。どんどん殖える品種が多いので、惜しみなくたっぷり使いましょう。

スペアミント×アップルミントでおいしいいれ方を覚えましょう

摘みたてのハーブは、おだやかで生気あふれる香りが持ち味。静かに色づいて香りに満ちていくのを待つ間も、幸せなひとときです。

Step 1 葉っぱはたっぷりと!

それぞれ10gがこのボリューム。約20gでティーカップ2杯分にあたる。

スペアミント

アップルミント

フレッシュハーブは季節や寒暖の差、朝摘むか夕方摘むか、水やり前かあとかで、重さも香りの強さも変わるので分量は目安です。ドライで代用する際はフレッシュの1/3程度にしましょう。

Step 2 きれいにしてからちぎる

太い茎や傷んだ葉などを取り除く。小さければ茎ごと使ってもOK。軽く水洗いし水気をきってからちぎる。

Step 3 ハーブに熱湯を注ぐ

先にハーブを入れて、その上から静かに熱湯を注ぐ。葉がひたひたに浸かるくらい、たっぷり注ぐこと。

Step 4 3～5分蒸らす

ふたをして3～5分蒸らす。時間が長すぎると、色が濁って香りもとんでしまうので注意する。

レモングラス×ペパーミント

レモンに似た香りがするレモングラスと、さわやかなペパーミントのティー。肉料理など油っぽい食事のあとにおすすめ。

スイートマジョラム×レモンタイム

消化を助ける働きがあるといわれるスイートマジョラムとほのかにレモン調の香りがあるレモンタイムのティー。リフレッシュしたいときに。

ゼラニウム×ローズマリー×レモンマートル

レモンマートルの甘いレモンの香りとゼラニウムが気持ちを落ち着かせてくれる。ローズマリーとゼラニウムのブレンドは時間がたつときれいなピンク色になるのが特徴。

レモンバーム×ラベンダー

心を落ち着かせるラベンダーと、レモンバームのティー。おだやかな香りと、ほのかな甘みがポイントのリラックスティー。

こんな時はこのティーを

リラックスしたい時

ジャーマンカモミール、レモンバーベナ、ラベンダー、レモンバーム、レモンマートル、ゼラニウム、ミント

リフレッシュしたい時

ローズマリー、ミント、タイム、レモンバーム、レモングラス、バジル、オレガノ

のどの痛みがある時

ジャーマンカモミール、ポットマリーゴールド、セージ、タイム、オレガノ

消化を促進したい時

ローズマリー、ミント、レモングラス、タイム、セージ、バジル、フェンネル

これだけ知っていたら便利!

料理のハーブづかい

Herb Cooking

ちぎって入れるだけで、料理を香り高く、フレッシュな印象にしてくれるハーブ。効能が期待できるのはもちろん、フレッシュな香りは食欲を促し、食の時間を豊かにします。ただし、食べられるハーブとそうでないものがあるので食用に適しているかを使用前によく確認することが大切です。妊娠中の食用には注意が必要なハーブもあります。ここでは、簡単で応用のきくハーブ料理のレシピを紹介します。

フレンチの定番ハーブ Fines herbes《フィーヌゼルブ》

フランス料理でよく使われる細かく刻んだフレッシュハーブミックスのこと。この組み合わせがおすすめ。ほかにイタリアンパセリやディルなどが加わることもある。

フィーヌゼルブを使って①

ハーブバター

カリッと焼いた熱々のパンにつけていただけば、それだけでごちそう。見た目がおしゃれで、豊かな風味はワインのおつまみなどにぴったり。

材料

フィーヌゼルブ…大さじ2
バター(有塩)…100g
(あらかじめ室温で戻しておく)

作り方

室温で戻してやわらかくなったバターに、フィーヌゼルブを入れてよくかき混ぜる。パンやラスクなどにつけていただく。

フィーヌゼルブを使って②

ハーブドレッシング

赤と黄色のパプリカとハーブの鮮やかな彩りが、いつものサラダを特別なひと皿に。ハーブの豊かな香りは定番にしたいレシピです。

材料【2～3人前】

A
- オリーブオイル…大さじ6
- レモン汁…大さじ2
- ブラックペッパー…適量
- 塩…適量

フィーヌゼルブ…大さじ1
タマネギ（みじん切り）…1/4個
パプリカ（赤・黄。みじん切り）…各1/4個

作り方

Aを混ぜ合わせ、フィーヌゼルブを入れる。タマネギ、パプリカを入れてよく混ぜる。サラダにかけていただく。

フレッシュセージのハンバーグ

肉類の臭みを取るセージは、ハンバーグと相性ぴったり。独自の苦味は肉の旨みを引き立てます。好みでハーブバターをのせると、おいしさがぐんとアップ!

材料【2人前】
セージ(フレッシュ。みじん切り)…4葉
タマネギ(みじん切り)…1/4個
パン粉…20g
牛乳…大さじ1

A
- ひき肉…200g
- とき卵…1個
- オリーブオイル…小さじ1
- 塩・こしょう…各適量

B
- 赤ワイン…大さじ3
- 醤油…大さじ2
- 砂糖…大さじ1
- ニンニク(輪切り)…1片

作り方

❶ボウルにタマネギ、セージ、牛乳を含ませたパン粉、Aを入れ、しっかり均一に混ぜる。

❷❶を4等分し、楕円に成形する。フライパンにオイル(分量外)を入れて熱し、弱めの中火で片面ずつじっくり焼く。ハンバーグを皿に盛る。残った肉汁にBを加え煮詰めてソースを作り、ハンバーグにかける。好みでつけ合わせの野菜を添える。

オレガノ風味のチーズスティック

オレガノをパイ生地に挟んでねじるだけ。バジル、ローズマリーなどでも◎。
シナモンシュガーなど、スパイスを変えてみても楽しめます。

材料【2〜3人前】
オレガノ(フレッシュ)…4枚
冷凍パイシート…2枚
(あらかじめ室温で戻しておく)
塩…適量
粉チーズ…小さじ1

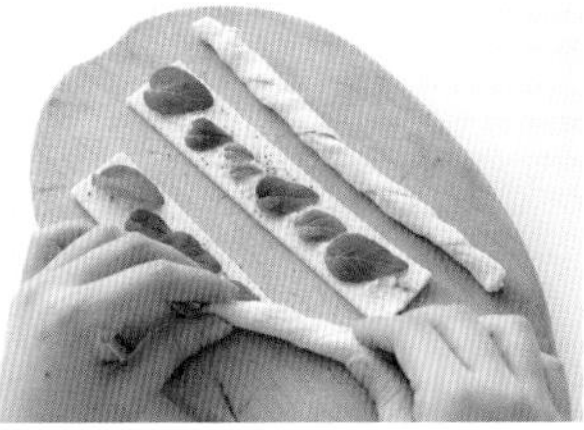

作り方
オレガノをちぎって葉だけにする。パイシートを3等分し、塩、粉チーズを振りかけオレガノを並べる。パイシートをらせん状にひねりながら巻く。アルミ箔をオーブントースターに敷き、パイ生地を並べる。最初の10分はアルミ箔で覆い、残り5分ははずしてこんがりと焼く。

(料理別に選びたいハーブ)

肉料理に向くハーブ
ローズマリー、バジル、セージ、タイム、オレガノ、コリアンダーなど

魚料理に向くハーブ
ローズマリー、フェンネル、コリアンダー、ディル、イタリアンパセリ、タイム、チャイブなど

サラダに向くハーブ
ロケットサラダ、クレソン、チャービル、フェンネル、タラゴン、サラダバーネット、イタリアンパセリ、バジルなど

Room Fragrance

自家製ハーブを生かす
ルームフレグランス

シュッとひと吹きするだけで、手軽にハーブのすがすがしい香りを楽しむことができるルームフレグランスと、ほのかに香りが広がるポプリを使ったリフレッシャー。重曹や無水エタノール、精製水といった材料は薬局などで手に入るもの。難しそうに見えても、材料さえ揃えれば混ぜるだけで簡単に作ることができます。自宅の玄関やベッドルームで使うほか、職場のデスクに置くなど、日々の暮らしに幅広く取り入れてみてはいかがですか。

（ハーブを上手に乾燥させる）

電子レンジで

皿にペーパータオルを敷く。ハーブができるだけ重ならないように置き、電子レンジにかける。500Wで60秒が目安。

吊るして

汚れや傷んだ葉を取り、少量ずつピンチで挟む。風通しのいい場所に吊るす。水分がなくなるまで乾燥したら完成。

精油で香りをプラス

重層+ポプリのリフレッシャー

気になる臭いのケアには重層+ポプリがおすすめ。よどんだ空気をリフレッシュできます。お気に入りの容器に入れて靴箱やクローゼットに置けば、インテリアのアクセントに。

材料

重曹…200g
ローズマリー（ドライ）…2〜3枝
ペパーミント（ドライ）…5〜6枝
ローズマリー（精油）…10滴
ペパーミント（精油）…10滴

作り方

ハーブは乾燥させておく。重曹にハーブを入れる。精油を少しずつたらしながら、重曹とハーブをよくかき混ぜる。

ハーブティーで作る

セージのアロマスプレー

ハーブティーと無水エタノールですぐにできるフレグランス。セージは殺菌作用があるとされ、アロマスプレーにぴったり。すっきりした香りは気分を爽快にしてくれます。

材料
ハーブティー(セージ)
…90ml
無水エタノール…10ml
ビーカー、ガラス棒、スプレー容器

作り方
❶ハーブティーをビーカーに注ぎ冷ます。無水エタノールを加えて、ガラス棒でよく混ぜる。

❷スプレー容器に入れる。

ハーブチンキで作る

レモングラスのアロマスプレー

チンキとは植物をエタノールで抽出したエキスのこと。ウォッカ以外でも、アルコール度数が高く、臭いの気にならないお酒で代用できます。

●ハーブチンキを作る

材料
ウォッカ…100ml
レモングラス…適量

作り方
ガラスの容器にウォッカとフレッシュのレモングラスを入れる。約2週間浸け込んでハーブチンキを作る。

●アロマスプレーを作る

材料
レモングラスのチンキ…約50ml
精製水…50ml
ペーパータオル1枚、茶こし、ガラス容器、ビーカー、ガラス棒、スプレー容器

作り方

❶ガラス容器にセットした茶こしにペーパータオルを重ね、ハーブチンキをこす。

❷ビーカーで❶を50ml量る。精製水を注ぎ、ガラス棒でよく混ぜてからスプレー容器に移す。

手作りだから安心！

香りのスキンケア

Skin Care

ハーブの成分は、血行促進や殺菌作用、保湿効果、肌の軟化作用など美容に働きかけるものが多くあるといわれています。身近なスキンケア用品にぜひ取り入れてみて。心地よい香りはスキンケア効果を高め、癒されること間違いなしです。ただ、肌がデリケートな方は使用前に腕の内側に少しだけ塗って、24～48時間置いてパッチテストを行って。かゆみなどがおきるようであれば、使用をやめましょう。

（美容にいいハーブ）

ラベンダー

花の抽出液をリンスや入浴剤、ローションに。発汗、殺菌作用のほか、皮脂分泌のバランスを整える効果があるという。

ローズマリー

ローションやリンスに。肌の引き締めと頭皮の血行促進の効果が。

ローズゼラニウム

葉を入浴剤に。バラと同じ成分を含み、女性ホルモンの働きを促進するといわれる。肌の皮脂バランスを整える効果も。

カモミール

抽出液を入浴剤やリンス、ローションなどで使用。髪にはりとつやを与える。

ポットマリーゴールド

肌の修復、保護、消炎作用があるという。

ローズヒップ

ビタミンを豊富に含み、肌の修復、再生に効果があるという。

フレッシュとドライのハーモニー

ラベンダーのバスソルト

一日で最もくつろいだ気分になれるバスタイムを、とっておきの時間に。浴槽に浮かぶラベンダーは、見た目からも癒しをもたらしてくれます。

作り方

ラベンダーを3～4cmの長さにちぎり、天然塩に混ぜる。精油を少しずつたらしながら、かき混ぜる。

材料【4回分】

ラベンダー（フレッシュ）…2～3枚
天然塩…200g
ラベンダー（精油）…15～20滴

MPソープを使えば簡単!

カラフルハーブ石けん

MPソープは溶かして流し込むだけの手軽な石けん素地。好みの香りを加えたら、自分だけのオリジナルソープのできあがり。

材料&道具

A
- MPソープ…150g　ホホバ油…適量
- ローズヒップ(ドライ。細かく刻む)…2g
- ゼラニウム(精油)…15滴

B
- MPソープ…150g　ホホバ油…適量
- パセリ(ドライ。細かく刻む)…2g
- ペパーミント(精油)…15滴

電子レンジ用の耐熱容器、ガラス棒、プラスチック製の容器(石けんの型)

作り方

❶Aの材料でレッドソープを作る。石けんの型の内側にホホバ油を塗る。MPソープはサイコロ状にカットし耐熱容器に入れ、500Wの電子レンジに様子を見ながら10秒ずつかけて溶かす。ローズヒップのドライとゼラニウムの精油を入れ、ガラス棒で混ぜる。

❷ ❶の石けん液を型に流し入れ、室温で約1日置きかためてできあがり。Bの材料でも同じ要領で、グリーンソープを作る。

— 制作・監修 —

生活の木

長谷川麻美さん

ハーブのある暮らし「ハーバルライフ」を提案するハーブ・アロマテラピーの専門店「生活の木」にて、メディカルハーブ講座や手作り石けん講座の講師を務める。

問い合わせ先は
P.192へ

しっとりすべすべになる

カレンデュラのハンドクリーム

花のドライを2週間ほど植物油に浸け込んで作るカレンデュラ油。蜜ろうと合わせると、荒れた手肌もすべすべに。

材料&道具

蜜ろう…5g
カレンデュラ油…25ml
ベンゾイン精油…2〜5滴
ガラス棒、遮光できる保存容器(約直径4cmのもの)、キャンドルウォーマー

作り方

❶ キャンドルウォーマーに蜜ろうとカレンデュラ油を入れ、あたためる。蜜ろうが溶けたら、精油をたらし、ガラス棒で混ぜる。

❷❶ を保存容器に注ぎ、室温で冷やしかためる。

Mint

Chamomile

Thyme

Rosemary

Basil

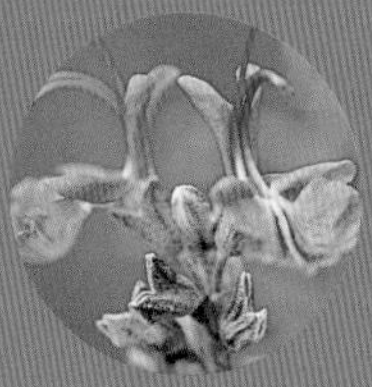

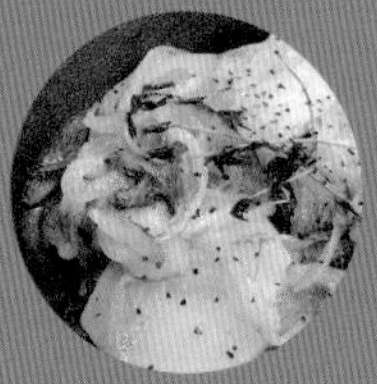

Lavender

Sage

Oregano

Scented Geranium

Yarrow

初心者でも育てやすい
基本のハーブ

10

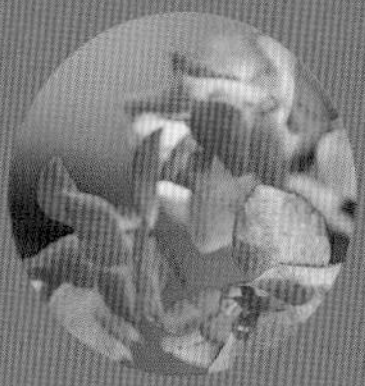

「これからハーブを育ててみよう」という方にも、
無理なく栽培から収穫まで楽しめて、そのうえ使い勝手も抜群。
「育てて使う」ハーブの魅力が存分に味わえる人気の10種をご紹介します。
品種のバリエーションや利用法もたっぷりあります。
まずはここから始めてみませんか？

●「育て方のポイント」の「植えつけ」では、初心者に向く最も簡単な方法を紹介しました。ほかの方法でも殖やせるものは「殖やし方」で解説しています。またカレンダーで種子まきの時期は「植えつけ、開花」「殖やす時期」に記載しています。

適度な湿り気がある土地では野草化するほど性質が強く、鮮やかな緑はガーデンを瑞々しい印象に変えてくれる。葉に触れただけでフレッシュな香りが漂う。

さわやかなメンソールの香り

ミント

Mint

DATA

- 学名＝Mentha spp.
- 科名＝シソ科
- 原産地＝北半球の温帯地域、アフリカ
- 別名＝ハッカ(和名)
- 草丈＝約10～100cm
- 出まわり時期＝4～6月、9～10月
- 使える部分＝葉、花、茎
- 用途＝料理、サラダ、お菓子、ティー、入浴剤、美容、ポプリ

料理やデザート、お菓子などの飾りつけとして最も重宝する多年草のハーブのひとつ。ガムなどの菓子類や化粧品などによく使われるスッとする芳香は、ミント特有のメンソールという成分によるもの。カップ1杯につき生の葉10枚程度を入れて熱湯を注いだミントティーは、胃がもたれた時や風邪の初期などに飲むとすっきりとします。

ティーや料理にはすっきりとした香りが魅力の‘スペアミント’や‘ペパーミント’がお勧め。ほかにもフルーツの甘い香りがする‘アップルミント’や、斑入りの葉が観賞用としても楽しめる‘パイナップルミント’などがあります。

育てやすいので初心者におすすめ

主に食用としてポピュラーなのは、スペアミントとペパーミント。2種類以上のミントを植える場合はなるべく間隔をあけて植えつけるのがポイントです。

スペアミント

最もポピュラーな品種。風味がまろやかなのでティーにすると飲みやすい。デザートやケーキの飾りにも適する。

パイナップルミント

アップルミントの斑入り種。斑のない茎が出てきたら早めに切り取るとよい。パイナップルとリンゴを合わせたような香り。

ラベンダーミント

ほふく性で、紫色のラベンダーに似た花を咲かせる。スッとする芳香でサラダ、ポプリなどに利用できる。

マウンテンミント

ミント属ではないが、花と葉がミントの香りに似ていることからこの名に。ミントと同様の使い方ができる。

ペパーミント

葉は濃緑色で、メンソールの香りが強い。刺激があるので、授乳中や幼児の使用は避ける。

クールミント

ガムやキャンディに利用され、スッとする爽快なハッカの香りが刺激的。白い花を咲かせる。

アップルミント

ハッカの香りとリンゴの甘い香りが楽しめる。魚や肉料理、ソースやビネガーにと料理のシーンでも大活躍。

メグサハッカ

ペニーロイヤルミントとも呼ばれ、ハッカの強い香りがする。ノミ除けとしてペットの首輪につけると効果的。

Taking care

適した場所

日なたから半日陰で風通しのいい場所。水はけがよく、保水性のある土壌を好む。繁殖力が旺盛で地下茎がはびこり、周囲の植物を枯らすことがあるので、土中に仕切り板（深さ30cmくらい）を入れるなどの工夫を。

殖やし方

種子から育てると香りがバラつくことがあるので、挿し芽か株分けで殖やすとよい。10cmくらいに切った枝の下半分の葉をしごいて取り、新鮮な土などに挿すか、生育期はコップに水を入れて挿しておくと容易に発根する。

収穫：収穫期 3～11月

春から秋まで収穫できる。主に葉を使う。花が咲ききると、葉がかたくなってしまうので、開花前に収穫するとよい。収穫しない場合も、のびた枝は10～20cmくらい適宜切り戻して草姿を整えておく。

育て方のポイント

植えつけ――植えつけは、春か秋に行う。庭植えなら日なたから半日陰で、水はけがよく、保水性のある場所に株間を約30cmあけて植えつける。鉢植えでは、繁殖力が旺盛なので大きめの鉢を選ぶ。種子まきでは、香りや成分にバラつきが出るので苗からの栽培がおすすめ。

水やり――土の表面が乾いたらたっぷり与える。湿りけのある土を好み、高温と乾燥に弱い。特に夏季や鉢植えでは、土が完全に乾くと枯れてしまうので注意。

肥料――植えつけ時に緩効性肥料を元肥として与える。追肥はほとんど必要ないが、春や秋の生育期や開花後に緩効性肥料や液肥を与えることで新芽の生育が促される。窒素成分の多い肥料を与えすぎると風味が落ちやすいので注意。

病害虫――株が弱ってきたり、真夏の直射日光に一日中当たっていたりすると、さび病にかかることがあるので注意する。この病気が発生したら株ごと処分する。

毎日のケア――多湿に弱いので、梅雨前に風通しがよくなるように刈り込むとよい。鉢植えの場合は、根がまわったら古い根を整理して適宜植えかえると、いつも新鮮な生葉が収穫できる。

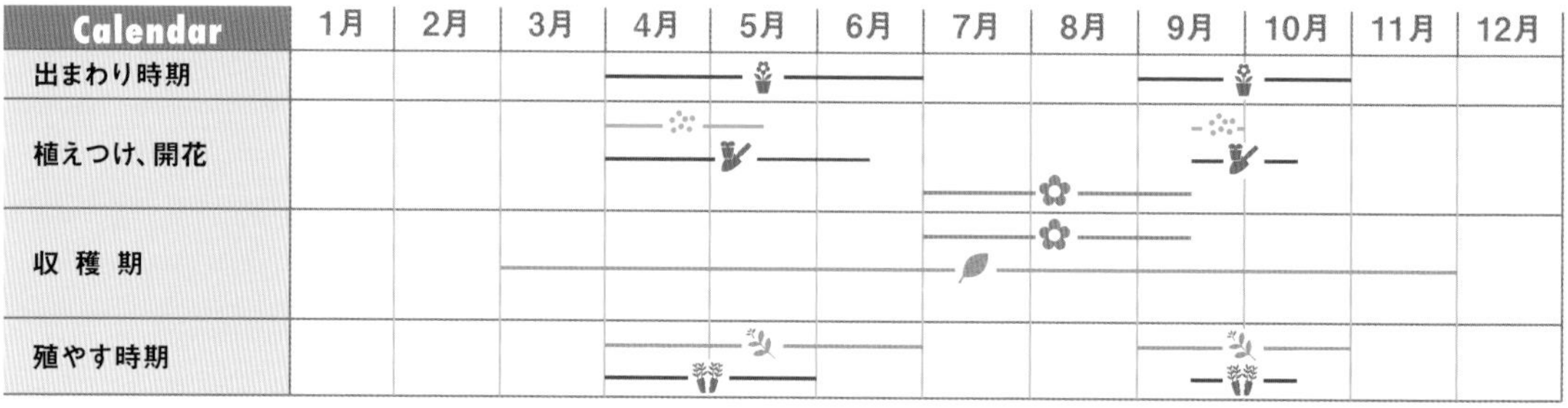

>>鉢植えを集めてアレンジ

寄せ鉢ならどんな植物も組み合わせ自由自在

ミントは強健で育てやすい一方、根が張りやすく周囲の植物を枯らすほど、繁茂してしまうことも。１鉢に１品種だけを植えてほかの植物と寄せ鉢にすれば、合わせる品種の性質を気にすることなく手軽に楽しめ、刈り込みや植えかえなどの手入れもしやすくなります。ラベンダーやチェリーセージといったハーブと合わせ、香りを楽しむコーナーを作ってもいいでしょう。ただし、ミント同士は交雑しやすいので、異なった品種を近くに置くことは避けましょう。

Variety use

❖使える部分 葉 花 茎

葉はフレッシュ、ドライ、両方の楽しみ方ができます。品種によって香りが違うので、香りの好みで使い分けるとよいでしょう。

花

上にのびるように咲くミントの花。主に切り花やアレンジメント、デザートの飾りに使うが、開花直前に茎ごと収穫する。

ペパーミント

葉と茎

ハッカの香りがする葉と茎は、花が咲き始めるとかたくなるので注意。ティーにする時は茎ごと、あるいは手で葉をちぎって使う。

❖料理に……

アイスクリーム

アイスクリームの香りづけには、水100mlにドライの葉5gを入れ、2分ほど弱火にかけてこした浸出液を使います。トッピングには、先端の小さな葉を選んで飾りつけるときれいです（右写真）。ほかにも、ケーキの飾りつけやフルーツに合わせてもぴったり。浸出液を入れたゼリーやババロア、シャーベットも夏のさわやかなデザートにおすすめです。あんみつなどの和風デザートにもよく合います。

❖飲み物に……

フレッシュの葉を適量入れたミントティー（右上写真）はさっぱりしていて飲みやすく、人気の高いハーブティーのひとつ。収穫直後の青臭さが気になる時は、乾燥させて保存ビンに入れて1カ月ほどおくと味もまろやか。レモングラス、ローズ

ミントティー

マリーとあわせれば、リフレッシュ効果の高いブレンドになります。夏の暑い時期は、ティーを凍らせてアイスキューブを作っておき、飲み物に加えても。

❖ポプリに……

サシェ

葉と茎は開花直前に根元から刈り取り、風通しのいい場所で乾燥させてドライに。ドライにしても芳香はほとんど変わらないので、ポプリとして長い間楽しめます。たくさん収穫できた時は、布を縫い合わせて作ったサシェに（上写真）。裏側に出し入れ口を作っておくと、新鮮なものに詰めかえできるので便利。

❖バスに……

フレッシュまたはドライにした葉や花を、お風呂に浮かべて入浴剤に。濃いめにいれたティーを入れるのもよいでしょう。リラックス効果のほか、体の汗臭さなどを抑えてくれます。

Small tip

ミントの持つさわやかな香りには、臭い消しや殺菌効果もあります。ドライにしたものを布袋などに詰め、靴の中に入れておいても。また、臭いの気になる下駄箱やトイレなどの消臭剤がわりとして使っても便利です。

花心部分が盛り上がってくる頃が収穫適期。咲き始めから終わりまで、花の姿が日ごとに変わるさまが楽しい。甘いリンゴのようなすがすがしい香りがする。

可憐な白い花姿が美しい

カモミール

Chamomile

DATA

- 学名＝Chamaemelum nobile
- 科名＝キク科
- 原産地＝ヨーロッパ〜アジア
- 別名＝カミツレ(和名)
- 草丈＝約40〜50cm
- 出まわり時期＝3〜6月、9〜10月
- 使える部分＝葉、花、茎
- 用途＝お菓子、ティー、入浴剤、ポプリ、染色、化粧水、リンス

白い花弁とやさしい黄色の花心を持つハーブで、元気のない植物の隣に植えると元気を取り戻すことから「お医者さんのハーブ」とも呼ばれます。花の部分を使ったリンゴのような香りがするティーが人気で、独特の甘い芳香は誰にでも好まれる香り。鎮静作用やリラックス効果があり、眠れない夜などに飲むと気持ちが落ち着くと言われています。

主にティーに利用するのは一年草のジャーマン種ですが、多年草のローマン種は、花だけでなく葉や茎にも香りがあり、横に広がる性質があるので香りの芝生やグラウンドカバーに最適。入浴剤や染色などにも使えます。

「大地のリンゴ」と呼ばれる可憐な花

ローマン種は多年草。ジャーマン種は一年草ですが、こぼれ種子でも殖えるのでどちらも毎年楽しむことができます。満開時はあたりが甘い香りに包まれます。

ジャーマンカモミール

［学名］*Matricaria recutita*

育てやすく丈夫なカモミールの代表品種。花のみリンゴの芳香がある。主に花の部分をティーに利用する。一年草。

ダイヤーズカモミール

［学名］*Anthemis tinctoria*

草丈約20～100cmになる多年草。5～10月に黄色や白の花が咲く。ハーブ染め、ドライフラワーに向く。葉には刺激臭がある。

ローマンカモミール

［学名］*Chamaemelum nobile*

草丈約40cmになる多年草。全草にリンゴの香りがある。ティー、入浴剤、染色、庭のグラウンドカバーに向く。

Taking care

適した場所

日当たりと風通しのいい場所を好む。高温と乾燥に弱いので、真夏の直射日光や、暖地では午後の日差しが当たらないように遮光する。鉢植えの場合、冬は日の当たる軒下で越冬できる。庭植えは、株元にマルチングを。

殖やし方

種子まきか挿し芽で殖やす。耐寒性があるので、秋まきの方が大株に。ジャーマン種は一度大株に育つとこぼれ種子で殖えることも。挿し芽は、春から夏に若芽を約10cmほど採って挿し、たっぷり水やりすると根づく。

収穫：収穫期 3～6月

開花時期に咲いたものから花の部分を摘み取る。収穫はよく晴れた日の午前中がよく、咲き始めから2、3日後、中心の黄色い花心部分が盛り上がってきたものを選んで収穫する。

育て方のポイント

植えつけ――春か秋の彼岸の頃、日当たり、風通しのいい場所に種子をまく。種子は細かいので、古はがきなどにのせてバラまきし、土を薄くかける。芽が出たら間引きをしながら育て、高さ6、7cmになったら定植する。鉢植えでは、風通しをよくするため株間を広めにとる。

水やり――水やりは一日に1回たっぷりと与える。特に鉢植えの場合は水切れ、乾燥に注意する。

肥料――植えつけ時に緩効性肥料を元肥として与える。追肥はほとんど必要ないが、初夏の生育期に緩効性肥料や液肥を与えることで新芽の生育が促される。窒素成分の多い肥料を与えすぎると、葉ばかり茂り花が少なくなるので注意。

病害虫――高温乾燥期や、春先に出る新芽やつぼみの部分に、アブラムシが発生しやすいので注意する。発見した場合は適宜捕殺する。

毎日のケア――夏は蒸れやすくなるので、横にのびすぎた茎や茂りすぎた葉は根元から取り除くか、刈り込みをして風通しをよくする。鉢植えの場合、根がまわったら梅雨前に植えかえを行う。

Calendar	1月	2月	3月	4月	5月	6月	7月	8月	9月	10月	11月	12月
出まわり時期												
植えつけ、開花												
収 穫 期												
殖やす時期												

>> コンパニオンプランツでアレンジ

互いによい影響を与える植物同士を合わせて

カモミールは、弱った植物のそばに植えると元気を取り戻すと言われる、コンパニオンプランツの代表格。タマネギやハクサイ、キャベツといった野菜の風味を増加させるとも言われます。ローズマリーやセージとは互いに防虫し合う作用があり、ミントはカモミールの香りをよくするとも。こぼれ種子でも殖え、根もよく張るため、限られたスペースで育てる場合は鉢植えがおすすめです。近くに置くだけで十分香りが効果をもたらします。

Variety use

❖使える部分 葉 花 茎　　※妊娠中の利用は控えめに

リンゴの風味を楽しめるティーやデザートの飾りつけのほか、かわいらしい花姿をそのまま生かしたアレンジも素敵です。

花

白の花びらと黄色い花心のコントラストが可憐で美しい。花は手でつまむようにすると簡単に収穫できる。いちばん香りの強い時期を逃さないように。

ジャーマンカモミール

葉と茎

葉と茎はやわらかくてしなやか。多年草のローマン種は、葉も甘いリンゴの香り。イギリスでは、芝のかわりに使われ、足で踏むと心地よい香りがたちこめる。

カモミールのブレンドティー

❖飲み物に……

フレッシュまたは乾燥させた花のハーブティー（左写真）は、食欲が落ちた時や消化不良、なかなか寝つけない時などにおすすめ。カップ1杯に生の花7〜8個が目安です。花はなるべく午前中に、咲き始めの香りのいい花を摘み、ペーパータオルやザルなどに触れ合わないようにのせて乾燥させます。ローマン種よりジャーマン種の方が味はまろやか。摘みたてのフレッシュな花を使うといっそう香り高くおいしい。

❖バスに……

入浴剤として使用する時は、生の葉と花を布などで包むか、ドライの花5gに1カップの熱湯を注いでこした浸出液を作り、お風呂に入れます。リラックス効果が期待できるほか、肌荒れを緩和します。浸出液は髪につやを与えるヘアリンスのほか、ローションとしても使えます。石けんにドライの花を混ぜ、飾りに花を茎ごとあしらったハーブソープ（上写真）も人気。

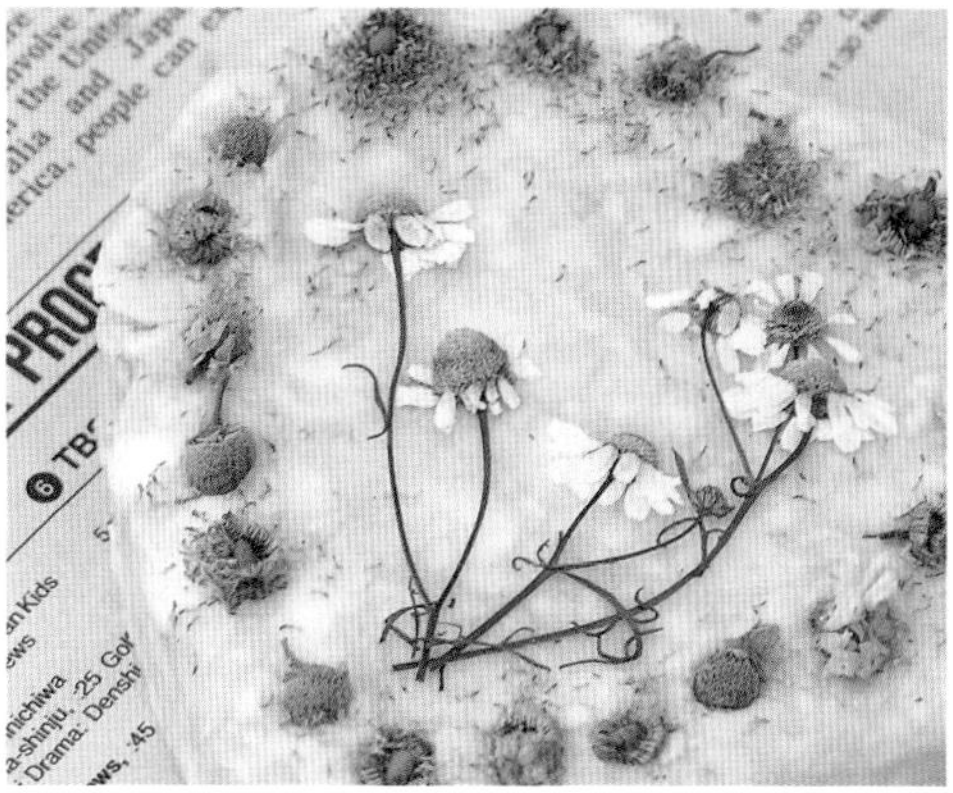

石けん

ポプリ

❖ポプリに……

花をたくさん収穫したい時は、次々に咲く花をこまめに収穫します。乾燥させてドライにすれば、甘い香りはそのままのポプリができます（左写真）。サシェにして枕もとに置いておくのもリラックス効果がありおすすめです。

❖デザートに……

手作りのチーズケーキに、濃いめの浸出液を少量混ぜるか、材料の牛乳に風味を移してこせば、香りよくおいしい仕上がりになります。最後にフレッシュの花を添えて（右写真）。

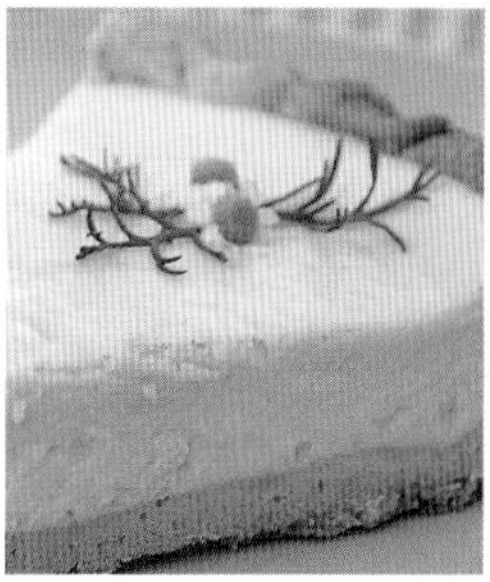

チーズケーキ

Small tip

手軽な入浴剤としてお風呂に入れる時は、ランジェリー用など小さめの洗濯ネットの中に入れて利用すると便利です。そのまま浮かべるほか、ひもをつけて浴槽の蛇口のところに吊るしておいてもよいでしょう。

初心者でも育てやすい
基本のハーブ

10

小さな肉厚の葉は、手でこするとスッとする芳香が漂う。蒸れに弱いので、乾燥ぎみに管理するのがポイント。小さいので茎ごと収穫して使うとよい。

キッチンハーブとしてぜひ育てたい

タイム

Thyme

DATA

- 学名＝Thymus vulgaris
- 科名＝シソ科
- 原産地＝地中海沿岸
- 別名＝タチジャコウソウ（和名）
- 草丈＝約15〜40cm
- 出まわり時期＝４月中旬〜６月中旬、9月
- 使える部分＝葉、花、茎
- 用途＝料理、お菓子、ティー、入浴剤、ポプリ

シソ科の多年草で、ティーや料理、入浴剤、ポプリに広く活用できるハーブです。細かい葉が密につき、やや厚みがあるのが特徴。春にピンクや白い花をつけます。茎や葉に含まれているティモールは高い殺菌力のほか、強壮作用や気管支系の病気にもいいとされ、ティーは冷ますとうがい薬になるほか、室内でスプレーすれば、空気をリフレッシュしてくれます。

使いやすいのは〝コモンタイム〟ですが、柑橘系の香りの〝レモンタイム〟、斑入りの〝シルバータイム〟やほふくして枝だれたりグラウンドを覆う〝ワイルドタイム〟も同様の使い方ができます。

数種類の香りを楽しみたい

実用性が高く、一度根づくと木質化して年中収穫できることから、初心者におすすめのハーブです。花や葉の彩りも豊かなので、花壇のアクセントとしても重宝します。

[木立性]

コモンタイム

肉厚な葉を持ち、初夏に小さな花をつける。最もポピュラーな品種でスパイスとして使い勝手がよい。

レモンタイム

さっぱりとしたレモンの香りがある。レモンの代用として、料理やティー、お菓子にと用途も多様。

オレンジバルサムタイム

オレンジに似た柑橘系の芳香を持つ。鶏料理や魚料理に使うほか、ティーやお菓子の香りづけにも重宝する。

ゴールデンレモンタイム

葉の縁が黄色いレモンタイムの園芸品種。シトラス系の香りがある。寄せ植えの前面に使うと明るい印象に。

シルバータイム

やさしいレモンの香り。葉の縁が白く、薄桃色の花をつける。独特の葉色を生かして、花壇や寄せ植えのアクセントに。

[ほふく性]

ワイルドタイム

ほふく性の代表種。地面をはうように小花が咲き乱れるさまは圧巻。コモンタイムに似たさわやかな香り。

イブキジャコウソウ

滋賀県伊吹山で発見され、ジャコウの香りがするのでこの名に。紅紫色の花が咲く。香料の原料や入浴剤などに。

Taking care

適した場所

日当たりと水はけ、風通しのいい場所を好む。暑さや乾燥には特に強いが、夏の高温多湿が苦手。寒さにも比較的強いので、どんな場所でもよく育つ。花壇の縁取りやロックガーデンにも最適。戸外で越冬可能。

殖やし方

採種も容易だが、挿し木で殖やすのが一般的。株分けは、小さな株だと弱ってしまうので初心者には挿し木がおすすめ。挿し木は真夏の時期をのぞいた春か秋に。約20日前後で発根する。

収穫：収穫期 周年

葉や茎は一年中少量ずつ収穫が可能。葉が小さいので、収穫は茎ごと切り取る。ドライにする場合は、株元から刈り取ることも。越冬前は、株が弱るので収穫を控えめに。

育て方のポイント

植えつけ――春か秋に日当たりと水はけのいい場所に植えつける。株間は約20〜30cmあけて定植する。庭などに植える時は、水はけをよくするために、根元を10cmほど高く植えつけるようにするとよい。種子は小さいので、苗床などに砂を混ぜて条まきにし、土はかぶせず押さえる程度にする。

水やり――乾燥を好むので、水の与えすぎに注意する。鉢植えは、土の表面が乾いてから、たっぷりと与える。冬は生長が鈍るので、土の表面が乾いた後、2日ほど待ってから水やりする。

肥料――植えつけ時に、緩効性肥料を土に混ぜておく。追肥は春先から秋に行い、冬には与える必要はない。肥料を与えすぎると、香りが弱くなるので注意。

病害虫――ほとんどなし。

毎日のケア――しっかりした株に生長したら、葉を茎ごと刈り込んで収穫する。多湿を嫌うので、梅雨前に風通しをよくするために、全体の1/3ほど刈り込んでおく。秋の終わりには、枯れた枝を取り除き、全体を半分くらい剪定しておくと、翌春には元気な新芽をつける。

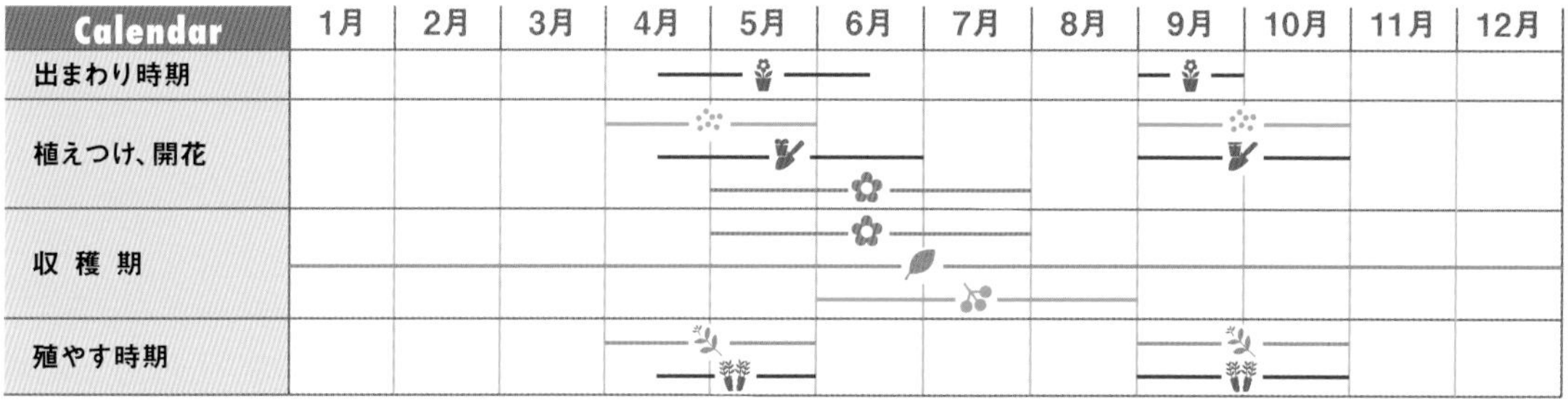

>>香りを生かすアレンジ

わざと踏まれる場所に植えて香りを楽しむ

タイムは足で踏んだり手でもんだ時、わき立つように香りが出ます。植栽スペースの縁取りなどの踏まれるような場所に植栽すれば、その特性をより生かすことができます。クリーピングタイムをグラウンドカバーとして、飛び石の周辺を埋め尽くすように植栽してもいいでしょう。香りだけでなく、初夏に咲く花やカラーリーフとしての観賞価値も高いので、ハーブガーデンのみならず一般的な植え込みにも。やわらかい印象のコンパクトな草姿は、寄せ植えにも便利です。

Variety use

❖使える部分 葉 花 茎　※妊娠中の利用は控えめに

ピリッとした風味は、料理のスパイスに最適。ブーケガルニやハーブミックスなどに欠かせない定番ハーブです。

花

淡いピンクや濃いピンクの小さい花は、まとまって咲くと見ごたえがある。開花時期は春から初夏で、花は主にポプリやリースなどに使う。

コモンタイム

葉と茎

料理にはやわらかな穂先の部分を随時切り取って使う。葉だけを料理に加える時は、先端の方から手でしごくようにすると簡単に取れる。

ポテト料理

鶏肉や魚介類の料理に使う時は、枝先を数本切り取って一緒に煮込んだり、フライパンやオーブンで焼いたりして香りづけします。ジャガイモと相性がよく、タマネギやチーズと一緒にオーブンで焼いたポテト料理（上写真）にもよく合います。

❖料理に……

ハーブオイルは、オリーブオイルを使うと美味。作り方は生の枝1～2本を入れたビンにオリーブオイルを注ぐだけ。特にイタリア料理と相性がよく、パスタやサラダ、ドレッシングオイル、トマト料理にと、多彩なメニューに気軽に使えます。オレガノやバジル、ガーリックとのブレンドも合います（右上写真）。ハチミツに、フレッシュの葉をしごいて入れても風味がアップ。すっきりとした味わいが食欲を誘います（右下写真）。

オイル

バスソルト

❖バスに……

自然塩に葉を混ぜてバスソルトに。発汗作用を促し、美容効果を高めてくれます（左写真）。独特のさわやかな香りは、心身を元気づける香りとして入浴剤にもぴったり。お風呂の水の殺菌作用も期待できます。

❖飲み物に……

カップに1～2枝を入れて熱湯を注いだハーブティーは、脂っこい料理を食べた後の口直しのお茶としても最適。胃もたれをなくし、消化を促してくれます。また、口臭を予防するほか、冷めたティーをマウスウォッシュとして利用することもできます。

Small tip

タイムには強い殺菌効果があるので、同じ殺菌効果のある酢に枝を浸してハーブビネガーを作り、水で薄めてうがい薬にするという方法もおすすめ。スプレーボトルなどに薄めた液を入れて、キッチンまわりの洗浄液としても利用できます。

鼻につんとくるような清涼感のあるにおいが特徴。枝分かれしてのび、年々株が大きくなるので、収穫を兼ねて適宜剪定するとよい。鉢植えでも簡単に育てられる。

すがすがしい香りでリフレッシュ

ローズマリー

Rosemary

DATA

- 学名＝Rosmarinus officinalis
- 科名＝シソ科
- 原産地＝地中海沿岸
- 別名＝マンネンロウ、ロスマリン
- 草丈＝約20～200cm
- 出まわり時期＝4～5月、9～10月
- 使える部分＝葉、花、茎
- 用途＝料理、お菓子、ティー、入浴剤、ポプリ、化粧水、リンス、染色

触れただけで香り立つ、たっぷりと精油を含んだ松葉に似た葉が特徴。地中海沿岸に野生化する常緑の低木で、春と秋を中心に不定期に花を咲かせます。茎がまっすぐ立ち上がる立性と、横にはいのびるほふく性がありますが、草姿が異なるだけで、どれも同様の使い方ができます。

「若返りのハーブ」「記憶のハーブ」の異名を持ち、頭が疲れた時、ひと枝折って香りをかぐだけで気分がすっきりとします。殺菌作用や筋肉疲労をやわらげる効果があることから、化粧品の原料や入浴剤などに用いられるなじみ深い香りです。葉や茎はくせのある肉料理の臭み消しに最適です。

スペースに合ったタイプを選ぶ

性質によって、木立性、半立ち性、ほふく性の3タイプがありますが、香りや使い方は同じ。植えるスペースの広さに合わせ、適したタイプを選びましょう。

[木立性]

茎がまっすぐ上にのびるタイプ。左右に広がらない分、高さは2mになるものも。スペースがない時は、適宜刈り込みながら仕立てるとよい。

[半立ち性]

葉の大きさが手ごろで料理に使いやすいタイプ。やや横に広がるので、十分なスペースを確保する。支柱などにからませてもよい。

[ほふく性]

地面をはうようにのびる。草丈が低く、葉はやや小さめ。高低差のある花壇の縁や、ハンギングバスケットなどでたれ下がるように栽培すると美しい。

芳香のある花は清楚なイメージ

花は小ぶりで淡い色合い。どちらかと言えば地味な花ですが、四季咲きで年に何度か花をつけるので、花壇のアクセントにも重宝します。

白

白×紫

紫

ピンク

薄紫

Taking care

適した場所

日当たりがよく、風通しのいい場所を好む。冬の寒風に弱いので、吹きさらしにならない日当たりのいい軒下などで冬越しする。寒冷地などでは大鉢で育て、夏は戸外に鉢ごと埋め、冬は室内か日当たりのいい場所に移動するとよい。

殖やし方

繁殖は挿し木が一般的。真夏の時期をのぞいた春か秋に行う。挿し穂は若い枝か半木質化した枝の部分を使用すると根がつきやすい。約20日前後で発根する。

収穫：収穫期 周年

収穫は植えつけ後2年目以降に行う。葉は一年中少量ずつ収穫可能で、生長期に枝がのびてきたら、枝ごと収穫するとよい。下葉をある程度残しておくと次々と葉が出てくる。

育て方のポイント

植えつけ――日当たりと水はけのいい場所を好む。株での移植に弱いので、植え直すことがないように株間を広め（60cm以上）にとって植えつける。水はけをよくするために、やや根元が高くなるようにするとよい。

水やり――乾燥ぎみに育てるのがポイント。地植えなら、真夏以外は水やりをしなくてもOK。鉢植えの場合は、土の表面が乾いたらたっぷりと与える。水の与えすぎに注意する。

肥料――植えつけ時に、緩効性肥料を少量土に混ぜておく程度。やせ地でもよく育つので、追肥はほとんど必要ないが、2、3年ほどした株に、油粕や骨粉を混ぜたものをやるとよい。窒素分が多いと、枝葉が茂りすぎて花がつきにくくなる。

病害虫――ほとんどなし。

毎日のケア――のびすぎた枝は適宜カットすると、横から枝葉がのび、こんもりとした形になる。乾燥や暑さには強いが、湿気が多いと蒸れやすく、下葉が枯れることもあるので、夏場には収穫を兼ねて風通しをよくするくらい切り戻しするとよい。

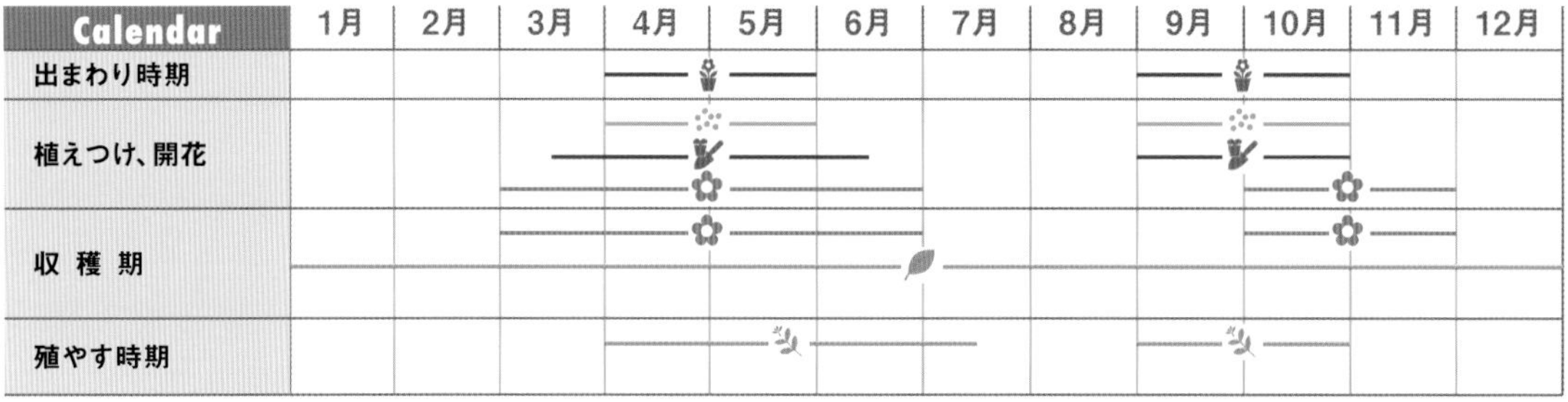

>> 樹形を仕立ててアレンジ

暴れる樹形もミニトレリスで思い通りに

ローズマリーは自然樹形で野生的な趣を楽しむ以外にも、誘引で仕立てて自在に形を作ることができます。鉢植えに好きな形のミニトレリスを差し込み、枝をワイヤーで固定すれば、遊び心いっぱいのトピアリーに。使用するローズマリーはほふく性、木立性どちらでもOK。枝が古くなるとかたくなるので新しくやわらかいうちに形を作るようにしましょう。株全体に日差しが当たるように管理すれば、四季咲きの花をより美しく楽しむことができます。

Variety use

❖使える部分 葉 花 茎　※妊娠中の利用は控えめに

強い香りとほろ苦い風味があるので、料理に使う時は、ほかのハーブと混ぜて少量使うのがポイントです。

花

ひと枝にいくつもの花をつける姿が愛らしい。小さく下向きに咲く花の形と、海岸の崖などでよく育つことから「海の雫」という学名を持つ。

葉と茎

葉は細長いが肉厚で、指で触ると少しべたついた油がつく。表はつややかな緑で、裏は白のベルベットのような毛で覆われている。

❖料理に……

クッキー

特に肉料理との相性は抜群。豚肉のローストやラム肉、鶏肉にもよく合います。特有の香りは臭み消しになり、防腐効果もあるので塊肉を調理、保存したい時にもおすすめ。加える時は、生のまま枝ごと鍋に入れるか、刻んで肉にまぶします。葉を摘む時は、上から下へ手でしごくようにして採りますが、枝がやわらかい時は葉と一緒に刻みます。刻んだ葉はポテトフライやパスタ（右上写真）に振りかけたり、魚を焼く時にひと振りしても食欲をそそる香りに。手軽に香りを楽しみたいなら、ハーブオイルやビネガーを作っておいても重宝します。料理のほか、クッキーなどのお菓子に混ぜてもよいでしょう（上写真）。

パスタ

❖ポプリに……

葉はドライにしても香りが落ちないので（左写真）、ポプリやサシェにしてもスッとした芳香が楽しめます。サシェを携帯しておけば、リフレッシュしたい時などにいい気分転換に。キッチンやペットの臭いが気になる場所に置いておいてもよいでしょう。

ドライ

❖美容に……

バスタイムには、血行を促進させる効果のある茎や葉をお風呂に入れて入浴剤がわりに。ハーブリンスは、ドライの葉5gに熱湯100mlを入れて冷ました浸出液に、少量のリンゴ酢を加えます。髪のつやを出し、さらさらにする効果があります。浸出液のローション（下写真）も肌をすこやかに整えます。

❖飲み物に……

ドライの葉5ｇに熱湯200mlを入れたハーブティーは、頭が重くだるい時に飲むと体が元気になります。

ローション

Small tip

ドライの葉をサシェにして、車のエアコンの送風口付近に吊るしておくのもおすすめ。葉の持つ特有の抗菌、防臭効果で車中の不快な臭いもなくなり、運転中のリフレッシュにもなります。ユーカリとブレンドしてもよいでしょう。

初心者でも育てやすい
基本のハーブ

10

左はシナモンバジル、右はスイートバジルの花。フレッシュの葉の香りと風味は、ドライとは比べものにならないほど強い。葉は熱を加えると黒くなってしまうので、料理に添える時は食卓に運ぶ直前にそっとのせる。

ピザ、パスタなどのイタリア料理に

バジル

Basil

DATA

- 学名＝Ocimum basilicum
- 科名＝シソ科
- 原産地＝熱帯アジア
- 別名＝メボウキ(和名)、バジリコ
- 草丈＝約40～50cm
- 出まわり時期＝５～８月
- 使える部分＝葉、花、茎、種子
- 用途＝料理、サラダ、ティー、入浴剤

イタリアでは〝バジリコ〟の名前で親しまれる一年草ハーブ。食欲をそそる強い香りが魅力で、フレッシュのままサラダやパスタ、ピザなどの料理にぴったり。秋にたくさん収穫した葉を刻み、オリーブオイル、ニンニク、松の実などを混ぜてバジルペーストを作り、保存してもよいでしょう。

原産地は熱帯アジアで、寒さに弱いので種子まきは5月の連休過ぎに行うのがベター。生長したら草丈が高くなる前に摘心し、脇芽を殖やすと大株に育ちます。〝スイートバジル〟は香りが料理に向く品種で、香りの異なる〝レモンバジル〟や〝シナモンバジル〟もあります。

新鮮な摘みたてをさっと食卓に

種子から簡単に育てられるバジルは、全品種が食用可能です。フレッシュな葉がいつでも摘めるキッチンハーブとして、香り豊かな食卓を演出してみませんか。

スイートバジル

バジルの代表種。やわらかでつやのある葉はイタリア料理には欠かせないスパイス。小さな白い花を咲かせる。

ブッシュバジル

スイートバジルの変種で葉が小さく、こんもりとした球状に育つ。香りはやや弱いが、ティーやスパイスに利用できる。

ホーリーバジル

インド原産の品種でお香の香りがする。別名バイパカオと呼ばれ、タイ料理では炒め物によく使われる品種。

パープルラッフルバジル

赤紫色でつやのある葉が特徴。ビネガーに漬け込むときれいな紫色のビネガーができる。花壇のアクセントにも向く。

レモンバジル

葉は小さめでレモンの香りがする。黄緑色の葉と白い花はガーデンを明るく彩る。料理やティーにも向く。

シナモンバジル

シナモンに似た芳香がある。緑と紫色のコントラストが美しく、観賞用として人気が高い。切り花や花壇で楽しむ。

Taking care

適した場所

日当たりと水はけがよく、保湿性のある肥沃な土を好む。寒さに弱いので、最低15℃以上の温度で管理すること。冬季の収穫を望むなら、11月下旬からは室内のあたたかい窓際などで管理する。暑さには強いので、夏の直射日光や西日の当たるところでもOK。

殖やし方

種子の採取、種子まきは容易。摘心した若芽を挿し芽にしてもよい。

収穫：収穫期 6～10月

収穫は随時。摘心を兼ねて、茎葉の先を切り取るようにするか、葉を少しずつ収穫する。大量に収穫するには、花が咲く直前のまだ葉がやわらかい時が最適期。花が咲くと新芽が出にくくなったり、葉がかたくなったりするので注意する。

育て方のポイント

植えつけ――5月から7月中旬頃、平鉢や箱などに種子をバラまきする。土はなるべく薄くかけ、発芽まで新聞紙などをかぶせておくと乾燥を防げる。間引きながら丈夫な苗を選び、株間を30～40cmあけて定植する。

水やり――乾燥に弱いので、土が乾きすぎないように水やりをする。光の少ない夜に水を与えると徒長ぎみになるので、水やりは日中に行うとよい。

肥料――植えつけ時に緩効性肥料の元肥を施す。追肥は生長期に緩効性肥料を施す程度。速効性の肥料を頻繁に与えすぎると香りが落ちてしまうことがあるので注意する。

病害虫――初夏から秋にかけてアブラムシやナメクジ、ヨトウムシなどに害されやすい。高温多湿の梅雨時には立枯病に、日当たりが悪いと灰色カビ病になりやすいので注意する。

毎日のケア――20cmぐらいの高さにまで生長したら、収穫を兼ねて摘心すると脇芽がのびて収穫量が増える。8月上旬、強めに刈り込むと新芽が出てくる。夏の暑さにはとても強いが、乾燥に弱いので、夏場は株元に敷きワラやビニールシートなどで覆いをするとよい。

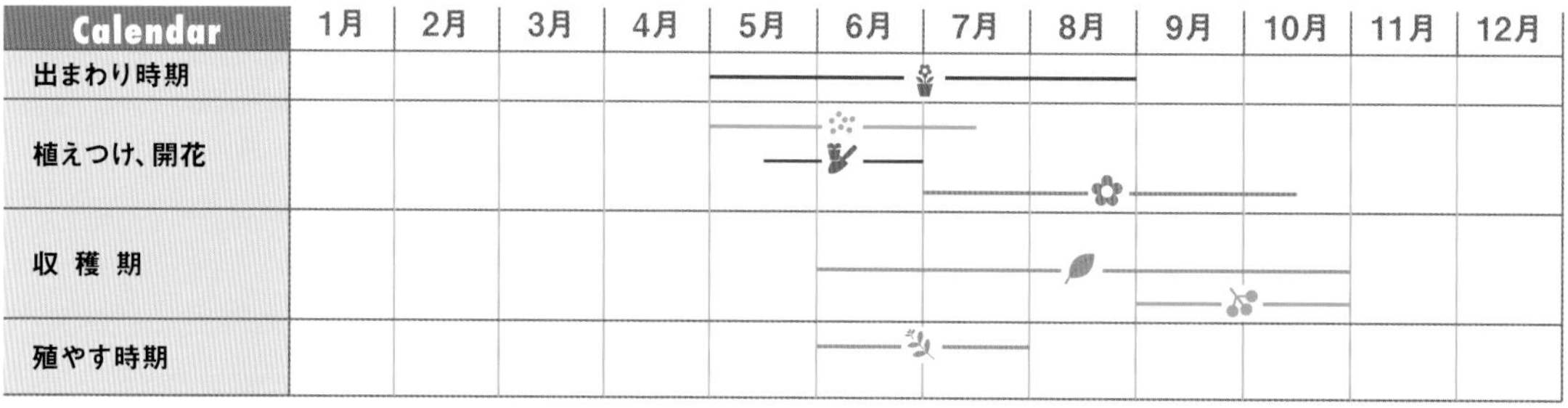

>> 寄せ植えでアレンジ

サラダの材料をそのまま鉢に詰め込んで

生のままで手軽に使えるバジルは生長も早く次々と収穫できるので、鉢植えにしてキッチンの窓辺などなるべく身近なところで育てると便利。サラダの材料になるリーフ野菜を一緒に寄せ植えして、収穫してすぐの新鮮野菜を食卓で楽しんでみては。レタスやロケットサラダ、サラダバーネットなどそれぞれ形もかわいいグリーン野菜に、赤葉のバジルやレタスなどをアクセントに添えて。葉だけを少しずつ収穫すれば、再び生えてくるので長く収穫を楽しめます。

Variety use

❖使える部分 葉 花 茎 種　※妊娠中の利用は控えめに

葉はドライにすることもできますが、フレッシュの方が香りや風味が豊か。たくさん収穫した時は、ペーストを作っておくと便利です。

花と種子

夏にシソによく似た花を咲かせる。花はサラダや料理の飾りに。種子は簡単に採取でき、バジルシードとしてデザートに使える。

スイートバジル

葉と茎

つややかな濃い緑が食欲を誘う。葉は口に含むと少しツンとした風味とかすかな辛味がある。シソと同じように傷みやすいので扱いは丁寧に。

パスタ

❖料理に……

ドライの葉をパン生地に練り込んで焼いたバジル風味のパン（右写真）は、オリーブオイルを塗って食べるとおいしくいただけます。料理に幅広く使えるバジルペースト(右下写真）は、茎ごと収穫した葉を手で摘み取り、ニンニク、松の実、塩、オリーブオイルを加えてミキサーにかけてできあがり。パルメザンチーズを加えても美味です。ペーストはそのままパスタやリングイネにあえてジェノバ風パスタにしたり、パンにペーストとバターを塗って焼いてもよいでしょう。またトマトやチーズとの相性も抜群。トマトソースのパスタや（上写真）、ピザの飾りつけに使うとよいでしょう。生の葉をオリーブオイルに浸けたハーブオイル（左写真）も使い勝手抜群です。

パン

ペースト

オイル

❖飲み物に……

乾燥させた葉5gにカップ１杯の熱湯を注いだハーブティーは、食欲のない時や脂っこい料理を食べたあとに最適。冷たいトマトジュースに、軽くたたいた葉を2、3枚とレモン汁を入れてもおいしい。

❖バスに……

ドライやフレッシュの葉と茎、花を布などにくるんで浴槽に入れるハーブバスも人気。肌を生き生きとよみがえらせる効果があります。品種をかえて、いろいろな香りを楽しんでみましょう。

Small tip

バジルの葉は金気を嫌うので、細かくして使う時は包丁を使わない方がベター。使う直前に手でちぎって使いましょう。オイル漬けにする時は、空気に触れないように葉がひたひたに浸かるぐらいたっぷり入れるのがポイントです。

フランスやイタリア、スペインなど地中海沿岸地方が主な原産地。からっとした乾いた気候を好み、高温多湿が苦手なので植えつけ場所に注意する。鉢植えでもよく育つ。

紫の花畑で有名なハーブの女王

ラベンダー

Lavender

DATA

- 学名＝Lavandula spp.
- 科名＝シソ科
- 原産地＝地中海沿岸～アフリカ北部
- 別名＝――
- 草丈＝約20～100cm
- 出まわり時期＝3月～6月中旬
- 使える部分＝葉、花、茎
- 用途＝お菓子、ティー、化粧水、入浴剤、石けん、ポプリ

紫色に咲き誇る花が一面に広がるラベンダー畑で有名で、その用途の多彩さからハーブの女王的な存在。ふんわりと甘い香りがあり、花や葉は、ティーやクッキーの飾り、ポプリやサシェにして楽しみます。つぼみに多く含まれる精油成分の香りは、リラックス効果があり、いらいらした時や眠れない夜などにかぐと、気持ちが落ち着いて早く眠りにつけます。種類は、品質のよい精油が採れるラバンドゥラ、花の形がユニークなストエカス、細かい切れ込みが入った葉が特徴的なデンタータ、非耐寒性で四季咲きのプテロストエカスと、4つのグループに大別されます。

紫色の妖精のような花が魅力

精油を採るために、数多くの品種が生み出されています。形状や生態の分類も多く、花の形や草姿もさまざま。育てる環境に合った品種を選びましょう。

レースラベンダー（プテロストエカスグループ）

レースのように細かく切れ込んだ葉が特徴。四季咲きで、真夏と真冬以外に花が咲く。耐寒性はなく、香りはやや弱い。

ストエカスラベンダー（ストエカスグループ）

花穂の上に苞がつく花姿がユニーク。スッとする芳香がある。寒さに弱い。ドライフラワーや入浴剤、ポプリに。

コモンラベンダー（ラバンドゥラグループ）

最もポピュラーな品種。香りが豊かで精油成分が多いので香料用に栽培されている。

デンタータラベンダー
（デンタータグループ）

葉の縁がギザギザしている。花 (右写真) と葉全体に薄く綿毛がある。香りは弱いが観賞用に向く。寒さに弱い。

ムンステッドラベンダー
（ラバンドゥラグループ）

草丈約30cmの小型種。花は大きめで濃紫。香りも強くガーデンの縁取りに適する。寒さには強い品種。

ウーリーラベンダー（ラバンドゥラグループ）

カンファー臭があり、全草がビロードのような手触りの綿毛で覆われている。葉のシルバーと、濃紫の花色のコントラストが美しい。

Taking care

適した場所

日当たりと風通しがよく､あまり肥沃でない土を好む。梅雨の時期は軒下など雨のかからない場所に移動する。寒さに比較的弱いプテロストエカスグループは屋内で、そのほかは庭植えではマルチングをするか鉢植えでは日の当たる軒下などで冬越しする。

殖やし方

挿し木で殖やす。初夏か秋に、2年目以降の株から春にのびた花穂のない新枝の先を7、8cmほど切り取り､新しい土に挿して20℃前後で管理すると発根する。

収穫：収穫期 5～10月

開花直前のいちばん香りが強い時に、花茎ごと収穫する。花のない時期は、葉の収穫を兼ねて風通しをよくするように枝をすくとよい。秋の終わりまでには、地際から5～10cmぐらいを残すように切りつめて越冬させる。

育て方のポイント

植えつけ――水はけのいい、あまり肥沃でない土に、春か秋に植えつける。種子まきは初期生育が遅いので、初心者は市販の苗を購入するか、挿し木で根づいた苗を選ぶとよい。風通しをよくするため、株元をやや高くして植えつけるとよい。鉢植えの場合は、底にゴロ土などを入れて水はけをよくする工夫を。

水やり――水やりはほとんど不要。株を枯らしてしまう原因の多くが水のやりすぎなので、庭植えでは、根づいたら水やりを控える。鉢植えでは、土の表面が乾いたら水を与える。

肥料――肥料もほとんど不要。特に、夏から秋にかけて肥料をやりすぎると、根腐れなどの原因になるので注意する。

病害虫――ほとんどなし。

毎日のケア――枝が徒長しないように、できるだけ日当たりのいい場所で管理する。湿気による蒸れを最も苦手とするので、排水がいいかどうかを確かめ、込み合った枝は風通しがよくなるように適宜剪定する。春と秋に株のまわりの土をスコップなどで掘り起こしてやわらかくする中耕を行うと根がよくのびる。

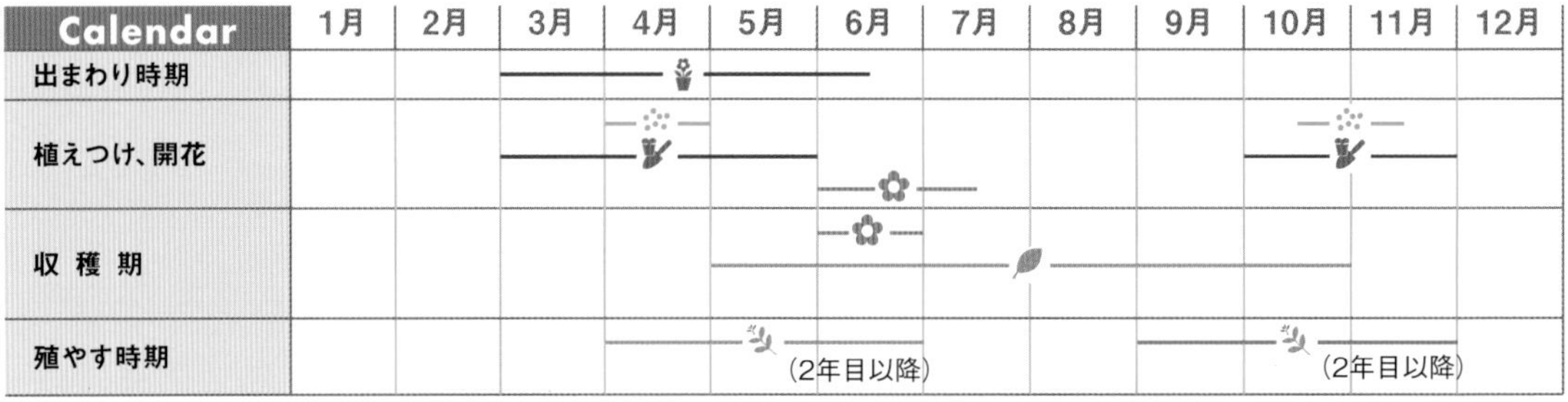

>> 香りを楽しむアレンジ

魅力的な香りを、通りすがりに服に移して

薄紫の花と香りが、ハーブの代名詞とも言われるラベンダー。手で握ったり服が触れると、さわやかな香りがたちこめます。比較的草丈がありますが、花壇の後ろに配置するより人が触れやすい通路のすぐ脇に植栽するのがおすすめ。狭い園路やアプローチの両脇などに張り出すように植えて、人が通るたびに服にすれて香りが移るようにします。室内に入ってからその香りに気づくことも。常緑で、寒い季節にも彩りが絶えないのも魅力のひとつです。

Variety use

❖使える部分 葉 花 茎　※妊娠中の利用は控えめに

主に花の部分をポプリやリース、化粧品、デザートなどに使います。花の香りがいちばん強い開花直前にまとめて収穫するとよいでしょう。

花

初夏になると花茎の先に、穂状に花を咲かせる。この部分に精油成分を多く含んでいる。品種によって花の形がいろいろなのが楽しい。

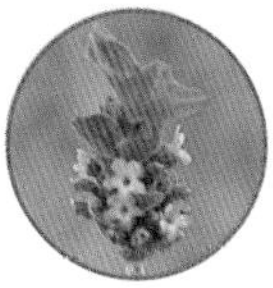

デンタータラベンダー

葉と茎

葉はやや肉厚でビロードのような手触り。軽く触れただけでも心地よい甘い香りがする。茎はやわらかいがだんだんと木質化してかたくなる。

❖リースに……

フレッシュの葉を使ったハーブリースはいかが。ラベンダーの葉を主役に、ローズマリー、ゼラニウム、レモンティーツリー、スイートマジョラム、スイカズラを組み合わせてすがすがしい香りに仕上げました。このままドライにすることもできます（左下写真）。好みのリボンをポイントにあしらってかわいらしく。

リース

❖美容に……

肌のキメを整える作用がある浸出液は、化粧水がわりに。ドライの花ひとつまみと水をアロマポットに入れ、ろうそくの火であたためて蒸気を漂わせるのも簡単な香りのリラックス法としておすすめです。

ポプリ

ソープ

❖ポプリに……

開花直後に葉が4～6枚くらいの位置で花茎を摘み、数本束ねて吊るし、風通しのいい日陰で乾燥させます。2週間ほどして枝がパリパリになれば完成。花の部分だけを採って保存します（左上写真）。

❖バスに……

フレッシュかドライの花を濃いめにいれたティーをリンスがわりに。入浴剤にすれば心身がリラックスします。無香料の石けんに浸出液を加えたハーブソープ（右上写真）は、肌を引き締め、殺菌効果もあり。贈り物にしてもかわいいでしょう。

❖飲み物に……

ソーダ

1、2枚の花をつぶし、ハチミツとレモン、ソーダ水を加えてこしたドリンク(左写真)は、さっぱりした飲み口。色合いもきれいで夏の飲み物にぴったり。ティーには主にドライの花を使います。

Small tip

フレッシュやドライが手元にない時は、市販のラベンダーオイルを活用しましょう。キャリアオイルに加えて携帯しておけば、軽い火傷や日焼け肌の炎症を抑えるほか、頭痛や筋肉痛をやわらげるマッサージオイルとしても使えます。

初心者でも育てやすい
基本のハーブ

10

葉は少し手で触れただけでも刺激的な強い香りがする。草丈は約70cmぐらいで、初夏に紫色の花をつける。葉に斑の入るトリコロールセージ（左写真）は、コモンセージ（右写真）の仲間。

さまざまなシーンで活躍する万能ハーブ

セージ

Sage

DATA

- 学名＝Salvia officinalis
- 科名＝シソ科
- 原産地＝地中海沿岸
- 別名＝ヤクヨウサルビア
- 草丈＝約30〜120cm
- 出まわり時期＝4〜5月、10〜11月
- 使える部分＝葉、花、茎
- 用途＝料理、サラダ、ティー、お酒、リンス、入浴剤、ポプリ

イギリスでは「庭にセージを植えている人は長生き」と言われる万能ハーブです。防腐効果や抗菌力があることから、ソーセージなどの加工食品に使われることでおなじみですが、消化を促し、肝臓の働きを強め、神経を安定させるとも言われています。生葉1、2枚を入れたお湯を冷ますと、即席のうがい薬に。のどの痛みを鎮め、口臭も抑えます。また、こってりした肉料理にもおすすめ。風味づけに使うと脂っこさを抑えてくれます。〝コモンセージ〟が一般的ですが、黄色い斑が入る〝ゴールデンセージ〟や強く香る〝クラリーセージ〟も使いやすい品種。花はサラダの彩りに使えます。

香りの種類、花の色もさまざま

世界中に多くの品種があり、花や葉の色や形状は多種多様です。好む環境は、原産地の気象条件を参考にするといいでしょう。

[低木]

パイナップルセージ

10月頃から深紅の花を咲かせる。葉にパイナップルの香りがあるので、ティーやポプリに。メキシコ原産。

コモンセージ

セージの代表種。料理、ティーなど用途が広い。左は葉色が美しい園芸品種のゴールデンセージ。そのほか、トリコロールセージ、パープルセージも仲間。地中海沿岸地域が原産。

メキシカンブッシュセージ

アメジストセージとも呼ばれ、紫色の花が鮮やか。花は香りが弱く、晩秋に開花する。メキシコ原産。

チェリーセージ

フルーツの芳香がする。花期が長く、ガーデンの観賞用として人気が高い。花は赤のほか、白、ピンクなど。メキシコ原産。

[二年草]

クラリーセージ

草丈約120cm。芳香が強く、精油や香辛料として利用される。料理に使う場合はごく少量に。地中海地方原産。

[一年草]

ペインテッドセージ

紫やピンク、白などの鮮やかで大きな苞葉とともに、初夏から秋にかけて花をつける。クラフトで利用。ヨーロッパ南部原産。

Taking care

適した場所

日当たりと水はけ、風通しのいい場所を好む。やや日陰になる場所でもよく育つ。真夏の直射日光や冬の霜はなるべく避ける。鉢植えの場合は、日当たりのいい軒下などで管理する。

殖やし方

採種も容易だが、挿し芽で殖やすのが一般的。株分けも可能だが、小さな株だと弱ってしまうので注意する。挿し芽は真夏の時期をのぞいた春か秋に行う。約20日前後で発根する。

収穫：収穫期 4～10月

葉が茂ったら、剪定を兼ねて随時収穫。時期は、真冬以外は収穫可能。葉はしごいて使う。初夏から晩秋につける花は、種子をつけたままにしておくと株が弱るので、開花後剪定を兼ねて収穫する。

育て方のポイント

植えつけ――日当たりと水はけのいい、肥沃な土を好む。大株に育つものが多いので、苗は株間を広めに（約40cm以上）とって植えつける。種子は、春と秋に育苗床などに点まきする。春先にまくと2週間くらいで発芽し、発芽後1カ月くらいで、本葉が2、3枚になった頃移植をする。

水やり――庭植えの場合は、定植してから根がしっかり張るまでこまめに水やりする。鉢の場合は、土の表面が乾いたら、たっぷりと与える。長雨や湿気に弱いので、その時期の水やりは控える。

肥料――やや肥沃な土壌を好む。植えつけ時に、緩効性肥料を土に混ぜておく。追肥は春から秋に行い、冬には与える必要はない。

病害虫――ほとんどなし。

毎日のケア――形よく枝を茂らせるには、収穫を兼ねて随時摘心を繰り返すことがコツ。夏の高温多湿に弱いので、梅雨前に込んだ枝を整理し、株の風通しをよくしておく。株は放っておくと年々木質化して弱ってくるので、4年を目安に、挿し芽で株の更新、植えかえを行う。

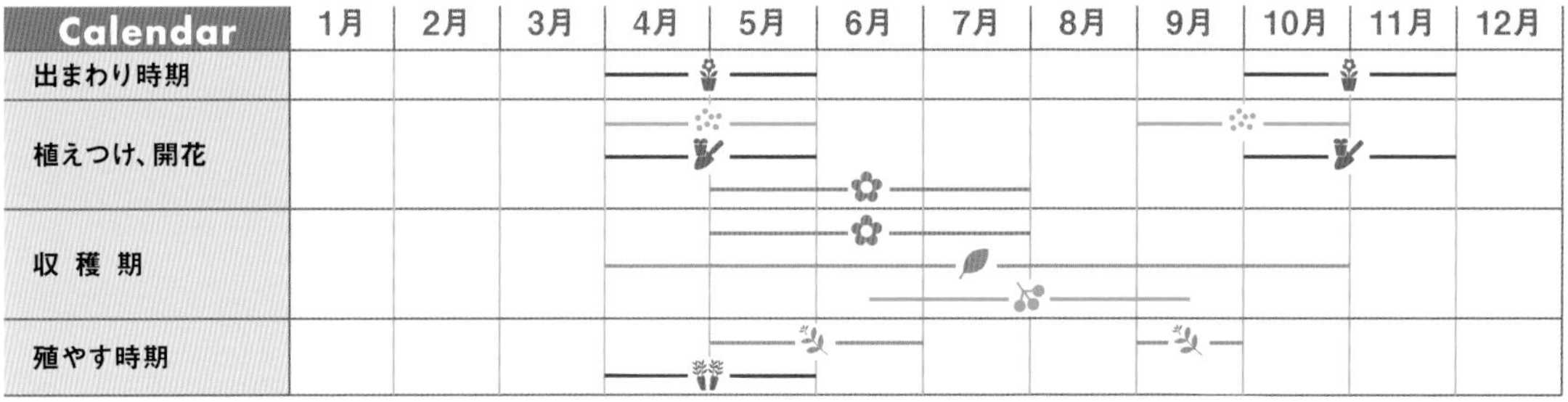

>>ハーブガーデンでのアレンジ

カラーリーフと花を彩りのアクセントに

品種が非常に多いセージは、花や葉、それぞれに特徴があります。なかでも食用のハーブとして使われるコモンセージは、肉厚でこんもりと茂る葉がカラーリーフとしても存在感を持ちます。写真の右下にある紫のパープルセージやライム色のゴールデンセージ、3色混ざったトリコロールセージといった品種は、ハーブガーデンの中で彩りのアクセントとしても最適。奥にある赤い花はチェリーセージで、寒い季節にも赤い花を元気に次々と咲かせます。

Variety use

❖使える部分 葉 花 茎　※妊娠中の利用は控えめに

種類も豊富で、さまざまな香りがあるので、料理や化粧品など、用途によっていろいろ使い分けてみると楽しいでしょう。

花

上品な紫色が印象的。前年の枝に花芽をつけるので、花を楽しみたい時は剪定を控えめに。主にサラダの飾りつけやクラフトに使う。

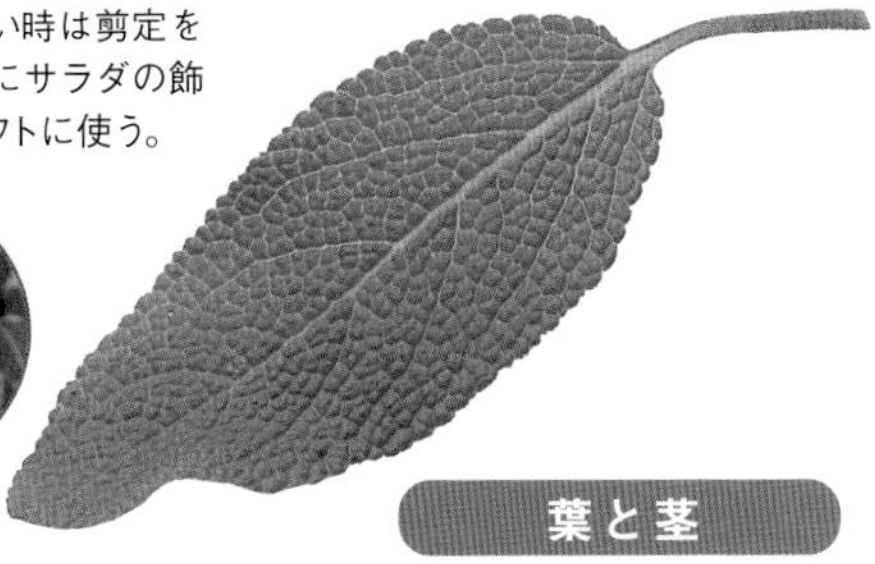

葉と茎

白いうぶ毛のようなやわらかい毛で覆われ、少しふかふかした手触りが特徴。後味の残るほろ苦さがあり、とても香りが強い。

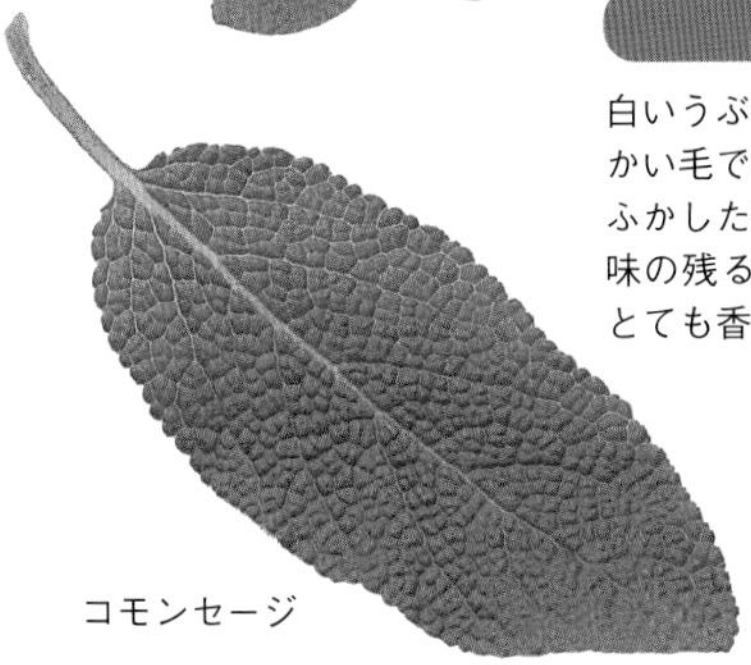

コモンセージ

❖料理に……

肉料理

ヨモギに似た強い香りは、肉や魚などの生臭さを消すのに効果があります。チキンのトマト煮では、煮込む前にあらかじめ鶏肉にドライハーブを少量振りかけるか、葉を数枚添えて焼いておくと臭みが消えます（右写真）。また、セージの葉と酢、ローレル、塩、コショウを煮立てて作るマリネ液も魚介類にさっとかけていただけるので便利。花は彩りもきれいなライスサラダに。ビネガーとオリーブオイル、塩で味つけしたごはんにあえるだけです。

❖キャンドルに……

キャンドル

キャンドル立てに、丸い粒状のろうそくを入れ、ドライハーブを散らしました（右上写真）。あたたまった熱でハーブのにおいがたちこめ、気分をリフレッシュさせてくれます。手作りのキャンドルを作る時は、ろうの中に好みのエッセンシャルオイルをたらしておくとよいでしょう。

石けん

❖バスに……

無香料の石けんを溶かし、濃いめにいれたティーをブレンドして作ったハーブ石けんは、やさしい芳香が心地よい気分にさせてくれます（左上写真）。ドライの葉5gに熱湯100mlを入れてこした浸出液は、ハーブリンスに。黒髪をつややかにする効果があり、すすぎも不要。早めに使い切るのがポイントです。

❖飲み物に……

生葉15gまたはドライの葉5gに熱湯200mlを入れたハーブティーは、疲労回復に効果があります。また、ワインのボトルにフレッシュの枝を2本ぐらい入れ、次の日に取り出したハーブワインも美味。フルーツジュースで割って飲むとおいしくいただけます。

Small tip

長時間の立ち仕事や汗をかいて靴の中が蒸れた時、手軽にできるフットバスはいかが。浸出液とお湯を容器に入れるだけで簡単に楽しめ、足がさっぱりします。また、セージの浸出液は、軽い虫刺されの時に薬がわりに塗ってもよいでしょう。

10

非常に繁殖力が強く、寒さにも強いのが特徴。花をつける２年目以降は、花壇中に群生してさわやかな香りを放つ。夏に淡いピンク色の小さな花をつける。

トマトやチーズにぴったりのスパイスが人気

オレガノ

Oregano

DATA

- 学名＝Origanum vulgare
- 科名＝シソ科
- 原産地＝ヨーロッパ～アジア東部
- 別名＝ハナハッカ(和名)、ワイルドマジョラム
- 草丈＝約60～100cm
- 出まわり時期＝4～5月、10～11月
- 使える部分＝葉、花、茎
- 用途＝料理、ティー、入浴剤、ポプリ

ヨーロッパなどが原産のシソ科の多年草で、スパイスとして古くから用いられているハーブのひとつ。マジョラムも仲間ですが、〝スイートマジョラム〟に比べて香りが強く、野生的なことから、〝ワイルドマジョラム〟という別名があります。食用ハーブとして、イタリア、スペイン、メキシコ料理には欠かせないスパイスです。特に、トマトとの相性がぴったりで、ピザやパスタに使われるほか、チーズやオムレツなどの卵料理にもよく合います。葉をこすってかぐとつんとするような強い香りがあり、鶏肉やラムの臭い消しのほか、リラックス効果の高いティーやハーブバスもおすすめです。

葉色のグラデーションを楽しむ

オレガノと一般に呼ばれるのは、‘ワイルドマジョラム’。主に料理に使うのは‘グリークオレガノ’。ほかに園芸品種も豊富に揃います。

[オリガヌム類]

グリークオレガノ

主に料理用に使うのがこの品種。香りが強いので、少量を使うようにするのがポイント。花も料理の飾りに利用できる。

オレガノ
（ワイルドマジョラム）

葉は細かいうぶ毛があり、上に向かってまっすぐのびるように群生する。性質は丈夫で、根が横にはうようにのびる。

ヘレンハウゼン

直径2cmぐらいの小さな花は、ピンクから濃い紫色に変化するさまが楽しめる。観賞用としても人気が高い。

ゴールデンオレガノ

明るい黄緑色の葉を持つ園芸品種。葉が密につくので、花壇の彩りに加えれば華やかな印象に。

[アマラクス類（花オレガノ）]

ケントビューティー

美しい花が多いアマラクス類のひとつで、幾重にも重なる白〜ピンクの花びらのような苞を持つ。ドライフラワーやポプリに最適。

Taking care

適した場所

日当たりと排水性のいい場所を好む。湿気を嫌うので、雨が続く場合は軒下などで管理する。高温の乾燥した環境で育てると、香りや風味が増強する。

殖やし方

種子まき、挿し芽、株分けで容易に殖やせる。根茎が旺盛に横にはい広がって殖えていくので、根のついた部分をそのまま移植して殖やす方法も簡単で初心者向き。

収穫：収穫期 6～9月

花は種子をまいてから2年目以降に開花する。6、7月の花の咲き始めの頃の葉の香りが最も強い。この時期に枝茎を株元から4、5cm残して刈り取って収穫し、乾燥保存させるとよい。刈り取った根元からも次々と新芽が出てくる。

育て方のポイント

植えつけ——種子は細かいので、重ならないよう丁寧に条まきにする。土はほとんどかけず手で押さえる程度。適宜間引きをし、10cmほどのびたら株間が30cm以上になるように定植する。

水やり——乾燥を好むので、表土が乾いたらたっぷり与える。梅雨時は、蒸れて枯れてしまうこともあるので、雨に当たらないような軒下で管理し、鉢受けに水を溜めないようにする。

肥料——植えつけ時に緩効性肥料を元肥として与えるくらいで、追肥は特に必要ない。肥料は与えすぎると、徒長ぎみになり葉の風味も薄れるので控えるようにする。

病害虫——ほとんどなし。

毎日のケア——生育旺盛で丈夫だが、多湿に弱く、蒸れて枯死することもある。込み合った枝葉はこまめに刈り込み、密生してしまった場合は適宜間引きをし、常に風通しに注意する。根まわりが早く鉢植えの場合、根詰まりをおこすと株の勢いが衰えてしまう。2、3年に一度、春か秋に株分けを兼ねて植えかえを行い、株の更新をはかる。

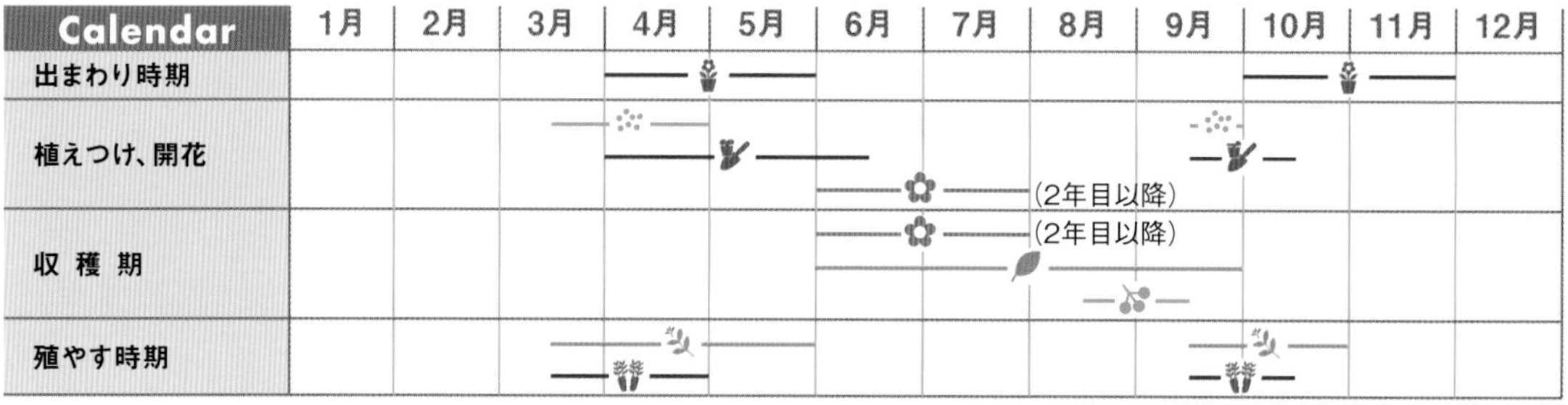

>> 寄せ植えにアレンジ

料理の相性もぴったりの食材を使って

イタリア料理には欠かせないスパイスとして、パスタやピザに活躍するオレガノ。料理の相性も抜群のトマトと寄せ植えにして楽しんでは。なかでもミニトマトは見た目もかわいらしく、鉢植えでも次々と収穫できるのでおすすめです。高さ1m前後に生長するので支柱を使い、足元にオレガノを添えるように寄せ植えします。オレガノとトマト、どちらとも相性のいいバジルを加えても。トマトとバジルは一年草。オレガノは多年草なので、収穫後は植えかえて。

Variety use

❖使える部分 葉 花 茎　※妊娠中の利用は控えめに

葉は、乾燥させるとより香りが強くなります。生の葉は、加熱すると苦味が出てしまうので、少量を加減して使うとよいでしょう。

葉と茎

やや薄めの丸みを帯びた葉や茎は、適度な苦味とスパイシーな芳香がある。料理にはドライにして使うと青臭さがなくなりマイルドな風味に。

ワイルドマジョラム

花

小さなピンクの花が集まるように咲く。ドライフラワーにする時は、開花直前に根元から刈り取り、風通しのいい場所で陰干しする。

ミネストローネ

ビネガー

ピザ

❖料理に……

オイル

枝ごとオイルに漬け込んだハーブオイルは、パスタに、肉や魚料理の仕上げに、ポテト料理にと用途も多彩。乾燥させたオレガノを、オリーブオイルに少量加えただけでも風味が増します。新鮮なトマトにかける（右写真）ほか、シンプルな味のバゲット、ライ麦パンを薄くスライスしたものや、相性のいいチーズパンにつけて召し上がれ。トマトソースの仕上げにドライや生の葉を刻んだものを振りかければ、パスタやチキンの煮込みもおいしくいただけます。トマトソースは、多めに作り置きして冷凍保存しておくと時間のない時に重宝します。また、数種類の野菜をトマトで煮込んだミネストローネのトッピングに生の枝先を飾ってもいいでしょう（上写真）。酢に漬け込んだハーブビネガー（下左写真）は、ドレッシングのほか、ピクルス、マリネ、酢の物に。ピザにはドライを振りかけるほか、フレッシュの葉を手で小さくちぎってのせます（下右写真）。ピザの生地にドライを練り込むと、味がぐんと引き立ち、プロの仕上がりに。

❖クラフトに……

茎や葉、花はドライフラワーとして楽しめます。根元から収穫して束ね、風通しのいい場所で乾燥させます。花は切り花、アレンジ花材として使っても素敵です。

Small tip

ドライのオレガノと、塩をミックスさせたハーブソルトもおすすめ。肉や魚の下味つけ、野菜の下ゆで、ドレッシング、パン粉に混ぜて揚げ物に使えます。ミックスする分量はお好みで。塩は品質のよい自然塩を選ぶとよいでしょう。

白、ピンク、赤、赤紫など品種によって花色は多種多様。香りは花よりも葉の方が強い。ローズゼラニウム（左写真）の葉から採った抽出液は香料の原料に使用される。

ローズ、柑橘系、ミント…さまざまな芳香を持つ

センテッドゼラニウム

Scented Geranium

DATA

- 学名＝Pelargonium spp.
- 科名＝フウロソウ科
- 原産地＝南アフリカ
- 別名＝テンジクアオイ(和名)、ニオイゼラニウム
- 草丈＝約30〜100cm
- 出まわり時期＝4〜6月
- 使える部分＝葉、花、茎
- 用途＝サラダ、お菓子、ティー、入浴剤、ポプリ、マッサージオイル

センテッドゼラニウムは、代表的な“ローズゼラニウム”のほか、ペパーミント、シナモン、アップル、ジンジャーなどさまざまな香りを持つ常緑低木のハーブです。鉢植えでも簡単に栽培でき、室内のほか、戸外やベランダでもよく育ちます。葉がバラに似た香りのする“ローズゼラニウム”は、ケーキやゼリー、シャーベット、ジャムの香りづけ、砂糖漬けにしてケーキやクッキーの飾りや直接焼き込んだパイなどのデザート作りに最適。花は、フレッシュのままサラダに飾りつけたり、飲み物に浮かべたりしても素敵です。そのほかの品種は、入浴剤で香りを楽しむほか、アレンジメントに使うとよいでしょう。

種類豊富な香りの競演を楽しむ

アップル、オレンジなどのフルーツ系、シナモン、ジンジャーなどのスパイス系と香りの種類は多様。栽培は簡単なのでお気に入りの香りのものを育ててみましょう。

アップルゼラニウム

甘いリンゴの香りがする。ほふく性なのでハンギングにすると美しい。料理、ティー、浴用にと利用の幅は広い。

デンタータゼラニウム

デンチゼラニウムとも呼ばれ、切れ込みの深い葉が特徴。ティーにするとすっきりとした柑橘系の味がする。

パインゼラニウム

葉に褐色の葉脈があり、花は薄いピンクに紫色の斑が入る。四季咲きで、花を多くつけるので一年中開花を楽しめる。

ヘーゼルナッツゼラニウム

ピンクがかった赤い花をつける。ヘーゼルナッツの香りを持ち、育てやすい丈夫な品種。

アプリコットゼラニウム

ゼラニウムの中でも大輪の濃いピンク色の美しい花をつけるので人気が高い。葉はややかたく、アンズの香りがする。

ローズゼラニウム

センテッドゼラニウムの代表品種。葉に強いローズの香りがあり、香料のほか、お菓子やティー、ポプリ、浴用にと幅広く使える。

ウーリーゼラニウム

葉の全面が白い綿毛に覆われ、手触りのよい質感からこの名がつけられた。ピンクの花が見ごたえあり。

Taking care

適した場所

日当たりと風通しがよく、水はけのいい土壌を好む。寒さに弱く霜や寒さで枯れるので、10月下旬頃には鉢上げをし、軒下か室内の日当たりのよい場所で管理する。

殖やし方

挿し木で殖やす。挿し木は初夏と秋が適期。花芽のついていない茎を10〜15cmほどの長さで切り取り、3、4枚葉を残して下葉を落とす。切り口は水分が多く、そのまま挿すと腐りやすいので、1日ほど乾かしてから挿すと根がつきやすい。

収穫：収穫期 周年

葉は常緑なので適宜収穫できる。春と秋の活発に生育している時期の葉の香りが最も強い。花は2、3日しか咲かないので、開花したらすぐに摘み取るとよい。

育て方のポイント

植えつけ——種子は入手困難なので、苗を購入して育てる。植えつけは4〜6月が適期。苗は軽く根をほぐして浅く植え、根の上部が少し隠れる程度に土をかける。

水やり——やや乾燥ぎみを好むので、表土が白っぽく乾いたらたっぷりと与える。乾燥させすぎても葉がかたいものになってしまい、多湿すぎても根腐れを引きおこす。

肥料——植えつけ時に、腐葉土と緩効性肥料を土に混ぜておく。週1回ほど液肥を与える。春の生育盛んな時期や、多く収穫した後は、有機肥料を多めに与えるとよい。

病害虫——オンシツコナジラミが発生しやすいので注意する。

毎日のケア——苗の頃に一度摘心をしておくと枝が充実する。多湿に弱いので、込み合った枝茎は刈り取り通気をはかる。咲き終わった花がらや枯れた葉はこまめに取り除く。古くなり木質化した枝には葉がつきにくいので、開花後か11月頃、ひと枝に葉を数枚残して切り戻しをする。根詰まり防止のために年1回9月頃、植えかえを行うとよい。庭植えの場合、切り戻しも植えかえも不要。

Calendar	1月	2月	3月	4月	5月	6月	7月	8月	9月	10月	11月	12月
出まわり時期				━	━	━						
植えつけ、開花				━	━	━						
				━	━	━	━					
収穫期				━	━	━	━					
	━	━	━	━	━	━	━	━	━	━	━	━
殖やす時期				━	━	━			━	━		

>>葉形を生かしてアレンジ

バラエティー豊かなグリーンを組み合わせる

センテッドゼラニウムは、しっかりとした質感の葉がこんもりとよく茂るので、葉の形や大きさ、色を重視して品種を組み合わせれば、グリーンだけでも十分に楽しめるコーナーになります。もちろん、花も春から夏にかけてピンクや白の彩りを添えてくれます。耐寒性がなく乾燥地を好むので、地植えにするなら日当たりのよい南側の軒下が最適です。写真は、ローズゼラニウム、デンタータゼラニウム、ペパーミントゼラニウム、アップルゼラニウムを組み合わせたコーナー。個性的な葉形がユニークです。

Variety use

❖使える部分 葉 花 茎

花はフレッシュのまま飾りに。葉と茎もフレッシュのままデザートやドリンクの香りづけに使います。

花

5弁の花びらを持つ花は、品種によって色や形もいろいろ。下の写真は、ローズゼラニウムの花。春から夏まで、花期が長く楽しめる。

ローズゼラニウム

葉と茎

よく枝分かれしてのびる葉は、濃い緑色で、深い切れ込みがある。形がユニークなので、葉全体を生かした飾りつけや押し葉にも向く。

❖キャンドルスタンドに……

香りのあるフレッシュハーブの葉や花を使ったアレンジをキャンドルスタンドに見立てました（下写真）。浅い鉢に水を含ませた吸水性スポンジをのせ、中央にキャンドルを。そこへレモンバームの葉、ラベンダー、ピンク、赤のゼラニウムの花をバランスよく挿して完成。つぼみや葉を適宜加えてアクセントをつけると素敵。

キャンドルスタンド

❖美容に……

エッセンシャルオイル（精油）は、収れん、殺菌作用があり、皮脂のバランスを整える作用があります。ベースとなるキャリアオイル（スイートアーモンドオイルなど）に、エッセンシャルオイルを2、3滴たらしたマッサージオイル（右上写真）や手作りハンドクリーム（左下写真）もおすすめ。洗面器に生の葉と茎を入れ、熱湯を注ぎバスタオルをかぶりながら蒸気を顔に当てるフェイシャルスチームも肌がさっぱりします。

マッサージオイル

ハンドクリーム

❖飲み物に……

オレンジやグレープフルーツジュースなどの冷たいドリンクに花を飾りつけて香りを楽しみます。

❖料理に……

若葉をケーキ型の下に敷くほか、クッキーに張りつけて焼いても香りが移ります。葉自体は味が悪いのでゼリーやドリンク、ハチミツの香りづけにする時はすぐに取り出すとよいでしょう。花はケーキに添えて（左写真）。

ケーキの飾り

Small tip

食卓に供するフィンガーボウルに、フレッシュの花を2、3輪浮かべてみてはいかが。ほのかな香りが漂い、お客さまにも喜ばれます。また、花や葉を水に浮かべて香りを移し、その水で絞ったおしぼりを出すのもおすすめです。

アキレアの学名は、古代ギリシャの英雄アキレスが、トロイ戦争で兵士の傷口をヤロウの葉で手当てしたことが由来。切れ込みの入った葉が特徴で、春から夏に花をつける。

兵士の傷を癒したという伝説の葉を持つ

ヤロウ

Yarrow

DATA

- 学名＝Achillea millefolium
- 科名＝キク科
- 原産地＝地中海沿岸
- 別名＝セイヨウノコギリソウ、アキレア
- 草丈＝約20～60cm
- 出まわり時期＝3月中旬～6月、9月中旬～11月
- 使える部分＝葉、花、茎
- 用途＝料理、ティー、リンス、入浴剤、ポプリ、ドライフラワー

セイヨウノコギリソウとも呼ばれる、大変丈夫な多年草です。地中海沿岸が原産地で、暑さ寒さにも強いことからどんな場所でも容易に栽培でき、花色が豊富なので花壇の彩りとしても重宝します。

古代ギリシャの伝説通り、葉に含まれる成分には止血効果があり、熱湯に葉を浸して冷ました浸出液は、傷薬がわりに使うことができます。生やドライの葉を使ったティーは、ややワイルドな味わいで、血のめぐりをよくする効果があります。刻んでサラダにしたり、クリームチーズに入れてディップにするなら若い新芽がおすすめ。花は切り花やドライフラワーにして楽しめます。

小さな花が群れ咲く姿がたくましい

白やピンク、赤、黄色など、色鮮やかな花はいったん咲くと2カ月近く楽しめ、手間がかからないのでガーデンの色彩としてとても重宝します。

コモンヤロウ

ヤロウの仲間の代表種。初夏から夏にかけて小さな白い花を咲かせる。若い新芽はサラダにしてそのまま食べられる。

スニーズワート

ヤロウの近縁種。花心がややこんもりと盛り上がっているのが特徴。花を入浴剤として使う。

[鮮やかな花色を楽しめる品種]

ウーリーヤロウ

草丈が低く、ビビッドな黄色の花をつけるヤロウの近縁種の一種。葉のギザギザもやや細かく、花壇のアクセントのほか、鉢植え栽培にも向く。和名はヒメノコギリソウ。

花色を楽しむ園芸品種も数多く揃う。鮮やかな色がガーデンのアクセントに。ドライフラワーにも最適。

Taking care

適した場所

日当たりがよく、水はけのいい土壌を好む。生育旺盛で、地下茎をのばして生長するので、株間が1m以上十分にとれる場所が望ましい。鉢植えにする場合は、大型のものを準備する。

殖やし方

種子まき、挿し芽、株分けで殖やす。挿し芽は新しくのびた新芽を10cmほど切り取り、下葉を落として土に挿す。株分けは、地上部は株元から刈り取り根をほぐして4、5株ずつ新しい用土に植えつける。

収穫：収穫期 4月中旬～9月

フレッシュで少量使用する場合は春先のやわらかい若葉を摘み取るとよい。花が咲いてしまうと葉がかたくなるため、開花前に必要な分量だけ茎ごと刈り取って収穫する。

育て方のポイント

植えつけ――種子まき、植えつけともに、春または秋に行う。地植えでは大きく育ち、密生して通気が悪くなるので株間を1mほどあけて定植する。鉢植えの場合、1鉢1株にとどめる。

水やり――やや乾燥ぎみの土を好むので、表土が乾いたら与える。根の生長が早く、鉢植えの場合は水切れしやすいので、特に夏場の水切れには注意する。水のやりすぎ、過湿で枯れることもある。

肥料――植えつけ時に、緩効性肥料を元肥として土に混ぜておく。追肥は、特に必要ない。肥料は少なめの方が、丈夫に育つ。

病害虫――ほとんどなし。

毎日のケア――多湿に弱いので、茎葉が密集した部分は刈り取って通気をはかる。咲き終わった花がらや枯れた葉はこまめに取り除く。2度咲きするので、初夏の開花後は株元から切り戻すと秋にまた開花する。株が老化すると花つきが悪くなるので、2年に1度は株分けを兼ねて植えかえを行うとよい。

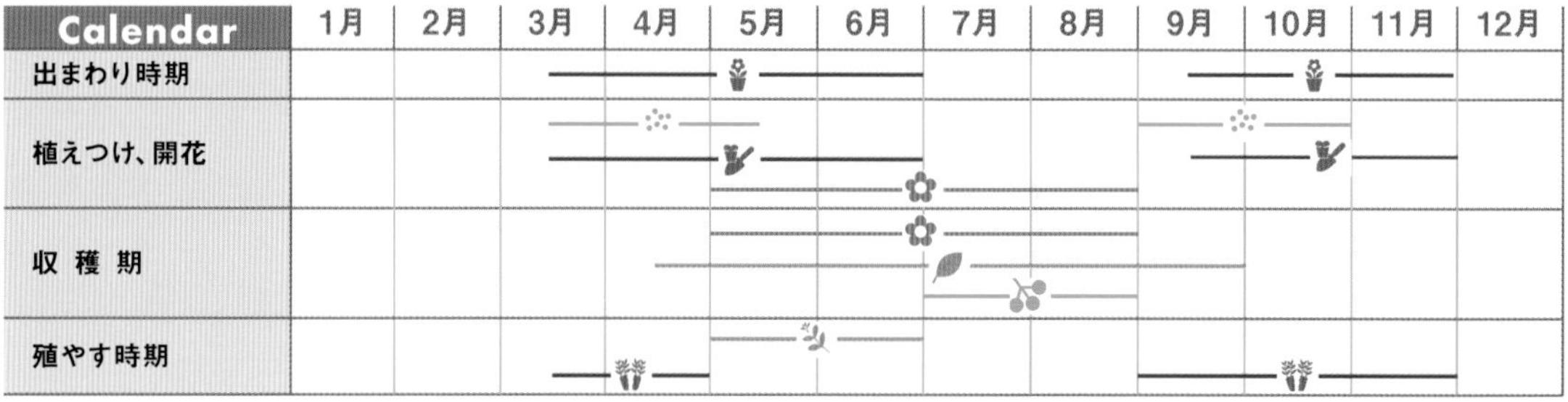

>> 豊富な彩りをアレンジ

コテージガーデンを思わせる彩り豊かな庭に

風になびくやわらかな草姿が、ナチュラルな風情を持つヤロウ。カラーバリエーションが豊富なこれらを混色すれば、カラフルな花畑を作ることができます。ヤロウだけでも見映えのするコーナーになりますが、ジギタリスやエキナセアといった宿根草を組み合わせれば、コテージガーデン風に。根の張りが強くこぼれ種子でも殖えるので、広がりを防ぐためには、地中に板で仕切りをしたり、予定以外の場所から生えてきた芽は早期に摘み取る方がいいでしょう。

Variety use

❖使える部分 葉 花 茎　※妊娠中の利用は控えめに

主に葉をティー、リンスなどに。若い新芽は食用になります。花は乾燥させても色があせないので、ドライフラワーにして楽しめます。

花

花茎の先に小さな花が密集して咲く。フレッシュの花に熱湯を注ぎ、その蒸気を吸入すると喉の奥まですっきりする。

コモンヤロウ

葉と茎

ノコギリの刃のように細かく分かれたヤロウの葉。ほかの植物を活性化させる働きがあるのでコンパニオンプランツとしての利用も可。

❖リースに……

花色の鮮やかな園芸品種は、ドライフラワー向き。リースに黄色いヤロウの花を添えて、アクセントにするのもよいでしょう(右写真)。フレッシュのまま飾っても、色落ちせずにドライになるのでとても扱いやすい花です。

リース

❖ポプリに……

花や葉がたくさん収穫できた時はドライにして保存しておくと便利。少し青臭いようなワイルドな香りが楽しめます。彩りの美しいドライハーブは、ほかのハーブとブレンドしてポプリに加えてもいいでしょう。

サシェ

ティー

❖飲み物に……

フレッシュの葉15gに熱湯を200ml注いで2、3分蒸らし、ティーを作ります。ティーは体の中に溜まった毒素を排出する作用があるので、風邪のひき始めに飲むと効果があります。血行をよくする効果もあるため、血圧を安定させると言われています。

リンス

❖美容に……

フレッシュまたはドライの葉で濃いめにいれたティーをリンスがわりに使うと、髪のつやが増します(左写真)。市販のリンスに、少量加えて使ってみてもよいでしょう。

Small tip

昔から止血剤として用いられてきたヤロウ。葉を煮出して作った抽出液をガーゼに浸して切り傷に貼ると消毒の効果が。フレッシュのまま手でつぶすようにもんで傷口に当て、布や包帯を巻いて固定すれば即席の傷薬がわりに。

目的別 寄せ植え＆寄せ鉢で楽しむ コンテナプラン

いくつかのハーブを組み合わせる寄せ植えや寄せ鉢は、色や香り、植生の相性を考えてコーディネートすると、育てる喜びも2倍、3倍に。目的別にテーマを設定した、ハーブの寄せ植え＆寄せ鉢のプランを提案します。

手をのばせばすぐ収穫できるコンテナで軒下ガーデニング

庭のない人も、ベランダや軒下など、ちょっとしたスペースがあれば、楽しめるのがコンテナ栽培。ひとつの鉢で一品種を育てる「単植」、いくつかの品種を同じコンテナで栽培する「寄せ植え」、単植の鉢をいくつか並べて育てる「寄せ鉢」などがあります。植生が合わなかったり、一緒に植えたい植物のどれかが繁殖しすぎてしまう場合などは、「寄せ鉢」にしたり、「寄せ植え」で仕切りを設けたり、工夫はさまざまに施せます。暮らしの中で活躍するシーンが多いハーブは、身近に置いておけるコンテナ栽培向きです。ここでは、使う用途に合わせた14のプランを紹介。ひと鉢にあなたの世界を作り上げてみてください。

寄せ植えの基本手順

寄せ植えを始める前に知っておきたい基本の手順をレクチャーします。

1. イメージを決める

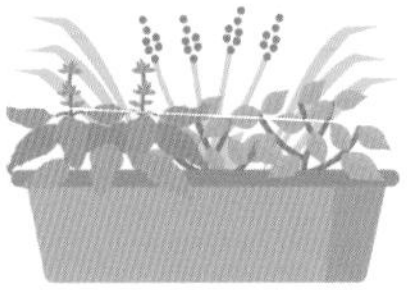

目的や置き場所も考慮してできあがりをイメージする。

2. 材料を揃える

ハーブの苗とともに、イメージに合う鉢を選ぶ。鉢の素材や色も印象を決める大事な要素。

3. 鉢底石＆土を入れる

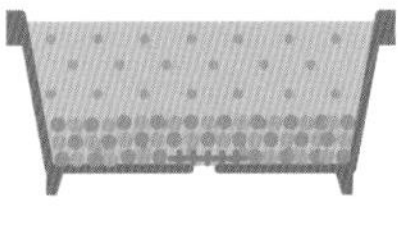

鉢底にネットを敷き、水はけを高める鉢底石を入れる。苗の中でもいちばん大きな根鉢の大きさを考えて培養土を入れる。

4. 苗を仮置きする

ビニールポットに入ったままの苗を鉢の中に入れ、レイアウトを決める。四方から見る場合は中央を高く、前から見る場合は階段状に。

5. 土を足して水を与える

ポットから苗を抜き、背の高いものから植える。割りばしなどでつつきながら、株のまわりにしっかりと土を入れる。鉢穴から水が流れ出るくらいたっぷり水を与える。

寄せ鉢の基本ルール

❶ バランスのよい配置に

同じ高さの鉢をただ並べているだけでは、寄せ鉢とは言えません。デザイン違いの鉢をうまく並べることで立体感が演出できます。ベーシックな配置としておすすめなのが、シンメトリー（左右対称）。両脇の鉢の素材を揃え、中心にフォーカルポイントとなるものを置くと失敗がありません。鉢の高さや草丈で三角形を描く、トライアングルの配置も安定感があります。

▲シンメトリーに

▲トライアングルに

❷ 鉢の素材や質感にこだわる

ひとつひとつのハーブと鉢の相性がよくても、並べて置く場合は、それぞれの鉢同士の相性も大切。素材を揃えるのも一案ですが、あえて素材をかえて質感を揃えても、おもしろいでしょう。全く同じ鉢同士を組み合わせるのではなく、素材を揃えてデザインをかえても雰囲気をまとめることができます。

❸ 色使いで個性を演出

ハーブの瑞々しいグリーンに似合う鉢色を選ぶのは重要ですが、シックに、ロマンティックに、モダンに、など実現したいイメージを鉢色に託してみてもよいでしょう。同じハーブが植えられていても、鉢の色で個性的に演出できます。

さわやかな香りに包まれる
レモン風味のティーハーブの寄せ鉢

人気のレモン風味のハーブティーが作れる組み合わせ。摘みたてを楽しみたいから、ティータイムのテーブルまで持ち運べるようにバスケットに寄せて。

育て方 短期間なら寄せ植えも可能ですが、レモングラスの草丈が1mほどに生長してしまうので寄せ鉢に。収穫を兼ねて、こまめに刈り込みや枝透かしをして、全体の草姿のバランスを整えます。レモングラスは寒さに弱いので、日なた〜半日陰のあたたかい場所で育てましょう。

1 **レモングラス**
2 **レモンバーム**
3 **レモンタイム**
4 **ゴールデン**
レモンタイム

健康を気遣う方へ
ヘルシーハーブの鉢を寄せて

抗アレルギー作用や整腸作用があるというカモミール、免疫力を高めるというエキナセア、万能の薬草として名高いセージを集めました。1品種でも、ブレンドしても、香り高いティーを楽しめます。

育て方 放置すると病害虫発生の原因となる花がらはこまめに摘み取ること。一年ごとに、ひと回り大きな鉢に植えかえてあげるとよいでしょう。夏は半日陰で管理。それ以外の季節はたっぷり日の当たる場所で育てて。

1 **エキナセア**
2 **カモミール**
3 **セージ**

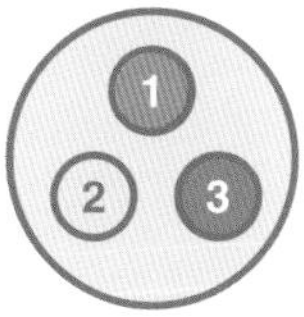

【エキナセア】

アメリカインディアンが、昔から利用してきたと言われるハーブ。根を中心に茎葉をティーにする。免疫力を高めると言われ、冬季など風邪の季節の前に好んで飲まれる。

風邪気味や胃の疲れ……不調をメンテナンス

からだをあたためてくれるシソ、消化を促してくれるカモミール、鼻づまりがすっきりするペパーミント。不調が気になったらすぐ摘んでティーに。

育て方 ペパーミントは特に旺盛に生長するので、仕切りを入れて植えて。シソは葉が大きいため、風通しを考慮してこまめに摘み取ること。明るい半日陰で育てると、やわらかい葉になるのでティーにしやすい。こまめに収穫し、茂りすぎないように注意しましょう。

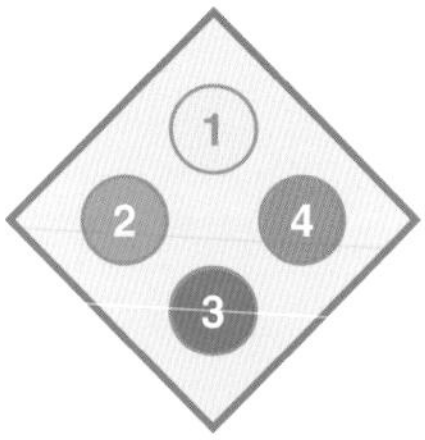

1 ジャーマンカモミール
2 シソ
3 ペパーミント
4 レモンバーム

料理を コンテナプラン 楽しむ

料理の風味を豊かにするハーブの薬味コンテナ

P.16に登場するフィーヌゼルブは、これらのハーブ4種から作ります。スープの浮き身やドレッシングの風味づけ、オムレツにミックスするなど、用途の幅が広い洋風の薬味を集めました。

育て方 どの品種も、夏の高温多湿には弱いので、冬から春は日なたで、夏場は涼しい半日陰で管理します。特にチャービルは、強い直射日光に当たると葉が黄色くなるので注意。

1 フレンチタラゴン
2 チャービル
3 イタリアンパセリ
4 チャイブ

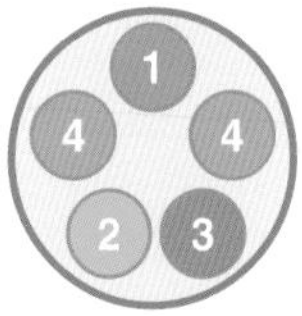

このひと鉢であなたもイタリアンシェフに

ピザやパスタなどイタリア料理に欠かせないハーブたち。セージ、ローズマリー、タイムは、料理だけでなくティーにも活用できます。

育て方 蒸れやすい品種ばかりなので、日当たりと風通しのよい場所で育て、多湿にならないように注意しましょう。梅雨から真夏にかけては、収穫を兼ねた枝透きをして蒸れを防ぎます。

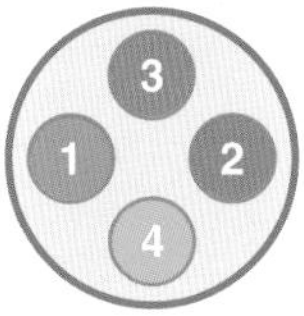

1 オレガノ
2 セージ
3 ローズマリー
4 タイム

ケーキやクッキーなど焼き菓子作りに活躍するコンテナ

ローズマリー、レモンバームは葉を、ラベンダーは花をケーキやクッキーに練り込んで焼き、ほのかな風味を楽しみます。スイートバイオレットは砂糖漬けにしてケーキの飾りに。

育て方 夏季以外は日なたで管理し、蒸れないように風通しをはかります。スイートバイオレットは夏の日差しに弱いので、日除けを施すか、鉢の向きで調整を。コンテナ内の用土が高温にならないように注意します。

1 ローズマリー
2 レモンバーム
3 ラベンダー
4 スイートバイオレット

触れるごとにリフレッシュ！姿違いのローズマリー3種

形と色が異なるローズマリーの寄せ植え。脳に刺激を与えるという香りは、気分がすっきりします。ローズマリーの葉は油分を含んでいるため、触るたびに肌が潤い一石二鳥。

育て方 乾燥ぎみの環境を好み、高温多湿を嫌います。収穫を兼ねて枝を整理し、剪定などで形を整えるように。乾燥ぎみの日なたで育てると早く生長します。

1 ローズマリー立性
2 ローズマリーほふく性
3 ローズマリー
ギルテッドゴールド

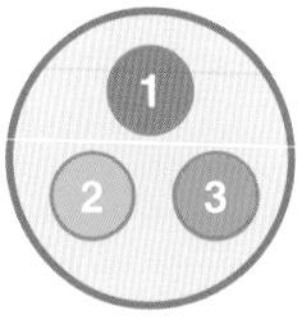

気分をゆるめたい時にひとかぎ ラベンダーを集めたひと鉢

葉に触れるとリラックス効果たっぷりの香りが漂うラベンダー。窓辺に置けば風に揺れるカーテンがこすれて香り、玄関先に置けば人が通るたびに服がこすれて香る演出に。

育て方 デンタータは生育が旺盛なので、刈り込みを行い、ほかのラベンダーとのバランスを整えること。日なたを好みますが、多湿を嫌うので、周年水やりの量は控えめに。夏場の日除け対策も有効です。デンタータ、スイートが寒さに弱いので、冬季は軒下などで管理します。

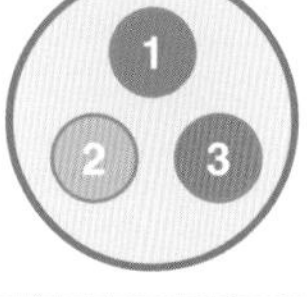

1 イングリッシュラベンダー
2 スイートラベンダー
3 デンタータラベンダー

窓辺をさわやかな香りに包む イエローカラーの元気が出る寄せ植え

グリーンの葉ではなく、黄色の斑が入る明るい葉色が特徴の寄せ植え。香りもさわやかなので、香りをかぐだけで元気いっぱいになれます。

育て方 排水性の高い土に植えつけ、夏の蒸れに注意しましょう。肥料や水を与えすぎると、うまく育たないので気をつけること。強い直射日光に当てると斑が消えてしまうので、日なた〜半日陰で管理します。

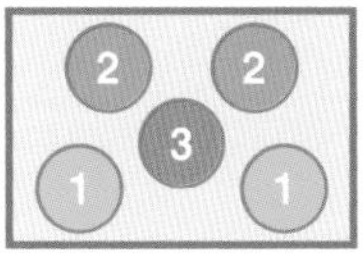

1 ゴールデンレモンタイム
2 ゴールデンオレガノ
3 ゴールデンセージ

夏の庭に置きたい 蚊除け対策の寄せ鉢

蚊が嫌う成分を持つ、ハーブの組み合わせ。庭の好きな場所に移動できるよう、持ち手つきのバスケットに入れました。レモングラスは猫除けの効果もあると言われています。

育て方 根詰まりや肥料切れで下葉が枯れやすいので注意しましょう。病気、害虫発生の原因になるので、枯葉はこまめに取り除くように。あたたかい日なたが大好きなハーブの組み合わせです。

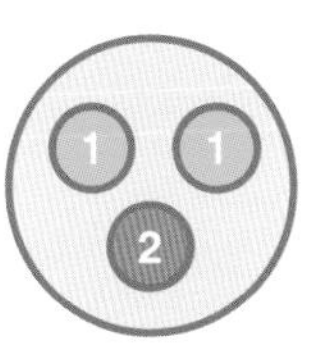

1 レモングラス
2 ローズゼラニウム

つるつるの美肌を目指す 美容に不可欠なハーブの寄せ鉢

肌をしっとりさせるカモミール、皮脂分泌を整えるラベンダー、女性ホルモンのバランスを整えるバラなど、女性の美に欠かせない作用が伝えられるハーブたちです。

育て方 4種の中でも、特にバラは肥沃な土壌を好みます。便利な置き肥などで、十分に肥料を与えること。日なた向きで、太陽の光を浴びてのびのびと生長します。

1 カモミール
2 ローズマリー
3 ラベンダー
4 バラ

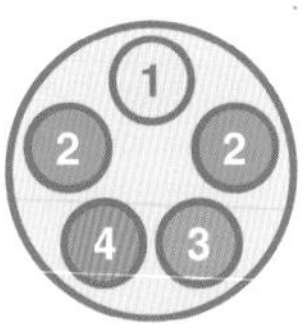

髪をつややかにする ヘアケアハーブのひと鉢

頭皮の血行の循環を促進し、抜け毛や白髪を防ぐと言われているローズマリー。肌をしっとりと保つと言われるカモミールは頭皮にもやさしく、はりとつやのある髪を実現するでしょう。

育て方 放置しておいても、旺盛に育つカモミールとローズマリー。形が乱れたら整える程度で順調に育ちます。どれも日なたを好むので、日当たりのよい場所で管理しましょう。

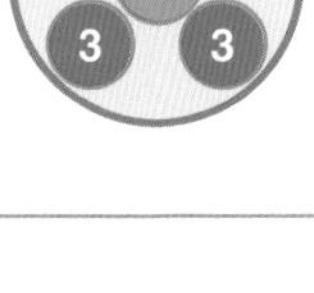

1 カモミール
2 ローズマリー立性
3 ローズマリーほふく性

ダイエットの強い味方
代謝を高めるハーブコンテナ

低カロリーの植物性甘味料として有名なステビアに、利尿効果が高いというハーブ3種を組み合わせた寄せ植えです。

育て方 ステビア、フェンネル、ドクダミはよく茂るので、様子を見て葉を刈り取って、生育を制限しましょう。日なた～半日陰で管理。半日陰で栽培すると、ドクダミが大きく生長します。

1 **ステビア**
2 **フェンネル**
3 **ローズマリー**
4 **ドクダミ**

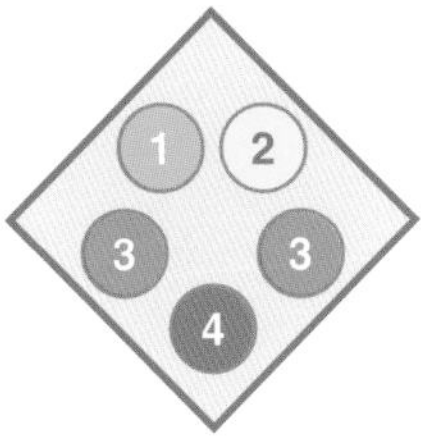

【ドクダミ】
中国や日本では昔からおなじみのハーブ。ドライの葉をティーにすると利尿作用があり、むくみを改善すると言われている。生の葉は虫刺されのかゆみ止めに。熱を加えると臭いはなくなる。

夏の入浴タイムに
涼やかさをもたらす寄せ植え

すっきりとしたさわやかな香りで涼やかさをもたらす、ペパーミントとローズマリーに、日焼けでほてった肌の炎症を抑えるというポットマリーゴールドを合わせた、夏にぴったりの寄せ植えです。

育て方 繁殖力が強いペパーミントは、株が茂りすぎたら鉢を入れかえて。あらかじめペパーミントを囲むように仕切りを入れておくのもおすすめ。日なたで元気に育てましょう。

1 **ローズマリー**
2 **ポットマリーゴールド**
3 **ペパーミント**

Rocket Salad

Garden Nasturtium

Coriander

Perilla

Cornflower

Parsley

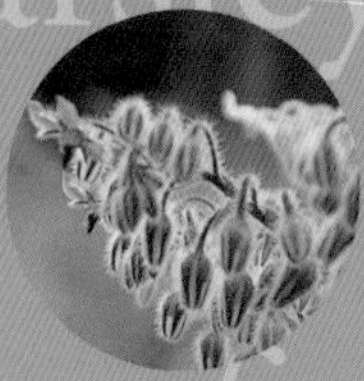

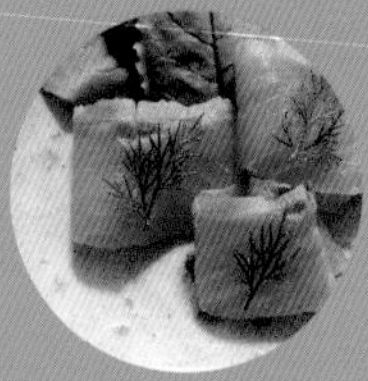

Feverfew

Dill

Chicory

Pot Marigold

Chervil

Borage

どんどん収穫できる
一年草ハーブ

12

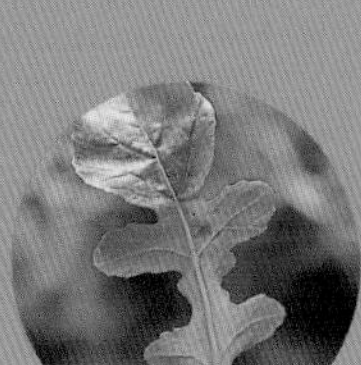

種子をまいてから1年、または2年以内に花をつけて
種子を実らせ枯れる「一年草」「二年草」のハーブたち。
急ぎ足で大人になるから、早々に収穫の楽しさが味わえます。
摘み取りながらワンシーズンお付き合いしたら、
また来年も育てたくなる、そんな12種をご紹介します。

●「育て方のポイント」の「植えつけ」では、初心者に向く最も簡単な方法を紹介しました。ほかの方法でも殖やせるものは「殖やし方」で解説しています。またカレンダーで種子まきの時期は「植えつけ、開花」「殖やす時期」に記載しています。

どんどん収穫できる
一年草ハーブ

12

草丈は最初20cmほどで、開花期には約80cmぐらいまで生長する。種子まきで簡単に栽培できる。まく期間を少しずらすと長期間収穫が楽しめる。

ピリッとした風味はくせになるおいしさ

ロケットサラダ

Rocket Salad

DATA

- 学名＝*Eruca vesicaria* subsp. *sativa*
- 科名＝アブラナ科
- 原産地＝地中海沿岸
- 別名＝ルッコラ
- 草丈＝約20～80cm
- 出まわり時期＝4～5月、9～10月
- 使える部分＝葉、花、茎、種子
- 用途＝料理、サラダ

イタリアでは〝ルッコラ〟の名前で親しまれ、野菜のように売られているポピュラーなハーブです。葉にはピリッとした辛味がありますが、ゴマに似た香ばしい香りはくせになるおいしさ。葉は生のままサラダにして食べたり、ピザやパスタなどに加えて風味を楽しんだりします。ビタミンC、Eが豊富で、真冬でも収穫できるので庭の隅などで栽培するととても重宝します。コンテナ栽培も容易で、レタスやマーシュなどと一緒にコンテナや小箱に種子をまけば、ミニサラダガーデンに。花はサラダやスープの飾りつけ、種子はピクルスの香りづけに使います。

Variety use

❖使える部分 葉 花 茎 種

野菜のようにおひたしなどに使うこともできますが、ロケット独特のほろ苦い旨みを楽しむならフレッシュのままがおすすめです。

❖料理に……

やわらかい若葉はサラダに最適。レタスやミズナなどとあわせて使うとおいしさが増します。パプリカやミニトマトを彩りに加えると風味も色も華やか（左写真）。生長してかたくなった葉は、ゆでておひたしや炒め物に利用します。右写真は、薄くスライスしたパンにちぎった葉を敷き、ゆで卵をマヨネーズであえたものをのせたカナッペ。ハーブオイルをつけて召し上がれ。スモークサーモンや生ハム、チーズ、サワークリーム、レーズンバターをトッピングしても美味。花は茎からはずし、フレッシュのままスープの浮き実、サラダのトッピングとして使えます。

Taking care

適した場所

日当たりと水はけ、風通しのいい場所を好む。直射日光が当たりすぎると葉がかたくなってしまうので庭植えの場合は日除けをし、鉢植えの場合は西日の当たらない半日陰に移動する。

殖やし方

種子まきで殖やす。種子は、秋にまく方が風味のよい葉を長期間収穫できる。種子を採るための苗は、なるべく収穫せずに結実させるとよい。

収穫：収穫期 10～7月

葉が10枚ぐらいになったら収穫できる。下葉から少しずつ収穫し、一度に同じ苗から収穫しすぎないようにすれば長く収穫できる。植えつけ後に間引きした葉も利用可能。

育て方のポイント

植えつけ――庭植えの場合、水はけをよくするために土をよく耕す。種子は条まきし、土を5mmほどかぶせ軽く押さえつける。葉が重ならないよう、株間が15cm以上になるまで収穫を兼ねながら間引きをする。

水やり――適度な湿り気のある土で栽培した方が葉はやわらかくなる。鉢植えの場合、表土が乾いたらたっぷり与える。乾燥させすぎると葉に苦味が出るので、水を切らさないように注意。

肥料――植えつけ時、緩効性肥料を土に混ぜておく。追肥として、2週間に1回程度、液肥を与える。

病害虫――風通しが悪い場所や、土が乾燥しすぎると、アブラムシ、ヨトウムシが発生しやすい。見つけ次第、駆除する。

毎日のケア――株元の土がかたくなってきたら、時々土をほぐすようにスコップなどで耕すとよい。ある程度生長したら、とう立ちしないように花芽を茎元から切り取っておくと葉が長期間収穫できる。耐寒性はあるが、冬は日当たりのいい軒下などで管理するか、腐葉土などでマルチングするとよい。

Calendar	1月	2月	3月	4月	5月	6月	7月	8月	9月	10月	11月	12月
出まわり時期												
植えつけ、開花				秋まき		春まき						
収 穫 期												
殖やす時期												

ハスの葉のような丸みを帯びた葉と、ビビッドな花色のコントラストが印象的。枝だれる草姿を生かし、初夏の花壇の縁取りや、ハンギングバスケットに仕立てて吊るしても素敵。

ビビッドカラーが食欲をかき立てる

ナスタチウム

Garden Nasturtium

DATA

- 学名＝Tropaeolum majus cv.
- 科名＝ノウゼンハレン科
- 原産地＝コロンビア、ペルー、ボリビア
- 別名＝キンレンカ、ノウゼンハレン(和名)
- 草丈＝約50～300cm(ツルの長さ)
- 出まわり時期＝４～６月
- 使える部分＝葉、花、茎、実
- 用途＝料理、サラダ

コロンビアやペルーなどの高冷地に自生するハーブで、オレンジや赤、黄色のビビッドな花色がガーデン品種としても人気です。50㎝から1mの矮性種や3mほど生長する品種もあり、ハンギングバスケットで枝だれる姿を楽しんだり、花壇の縁にはわせたりして栽培することができます。花、葉、実ともに食用でき、どれもピリッとした風味があるのが特徴。花はエディブルフラワーとしてサラダや料理、お菓子のトッピングに。葉はサンドイッチに挟んでフレッシュのままいただけば、マスタードのかわりにもなります。実はピクルスにして利用できます。

Variety use

❖使える部分 葉 花 茎 実

クレソンのようなピリッとした辛味を持つ葉は、サラダのアクセントなどに重宝します。花色も豊富なのでいろいろ育ててみましょう。

❖料理に……

新鮮な葉と花はサラダに（左写真）。花はしおれやすいので使う前に冷水に浸しておきます。白身魚を薄くスライスして塩、コショウを振り、ハーブオイルをたらしたカルパッチョの下に、フレッシュの葉を敷けば目に鮮やか。大きい葉で魚を包んでいただきます。卵やハム、野菜を詰め込んだサンドイッチに生の葉を1、2枚挟むと、程よい辛味がマスタードのような役割を果たしてくれます（右写真）。刻んだ葉をマーガリンに混ぜ、パンに塗ってもよいでしょう。実はピクルスにして、ケイパーがわりにマリネ、ソテーのつけあわせとして使います。

Taking care

適した場所

水はけと風通しがよく、日当たりのいい場所を好む。極端な寒さや暑さに弱い。真夏の直射日光に弱く、一時的に開花が止まるが、半日陰の涼しい場所で管理すれば、秋にはまた開花する。

殖やし方

種子か挿し芽で殖やす。挿し芽は、花やつぼみがついていない若い芽を切り取り、数時間水に浸けておいたものを挿すと3〜4週間で発根する。こぼれ種子からでも容易に発芽する。

収穫：収穫期 5月中旬〜11月中旬

葉は必ず茎の根元から摘み取る。花は傷みやすいので、使用直前に収穫するとよい。咲き始めの花が収穫に適している。

育て方のポイント

植えつけ――3月中旬から5月中旬に種子まきする。かたい皮がついた種子は一昼夜水に浸けてから植える。葉が2、3枚になったら根を崩さないように注意し、株間を20cmほどあけて定植する。

水やり――発芽するまでは水を切らさないようにする。鉢植えの場合、表土が乾いたらたっぷりと与える。水をやりすぎると徒長しやすくなるので、やや乾燥ぎみに管理する。ただし、夏の乾燥に弱いので水切れには注意する。

肥料――植えつけ時に、緩効性肥料を少量土に混ぜておく。開花時に、速効性の液肥を2週間に1回くらいの割合で与える。

病害虫――乾燥させすぎると、ハダニの被害にあいやすい。ハダニは水に弱いので、予防として時々葉の裏にも水をかけてやるとよい。

毎日のケア――ツルは徒長しやすいのでこまめに摘心をしてやると、茎数が殖え、バランスのよい大株に育つ。咲き終わった花は、種子をつけさせないようにこまめに摘み取ると、株の寿命がのび、長期間花が楽しめる。

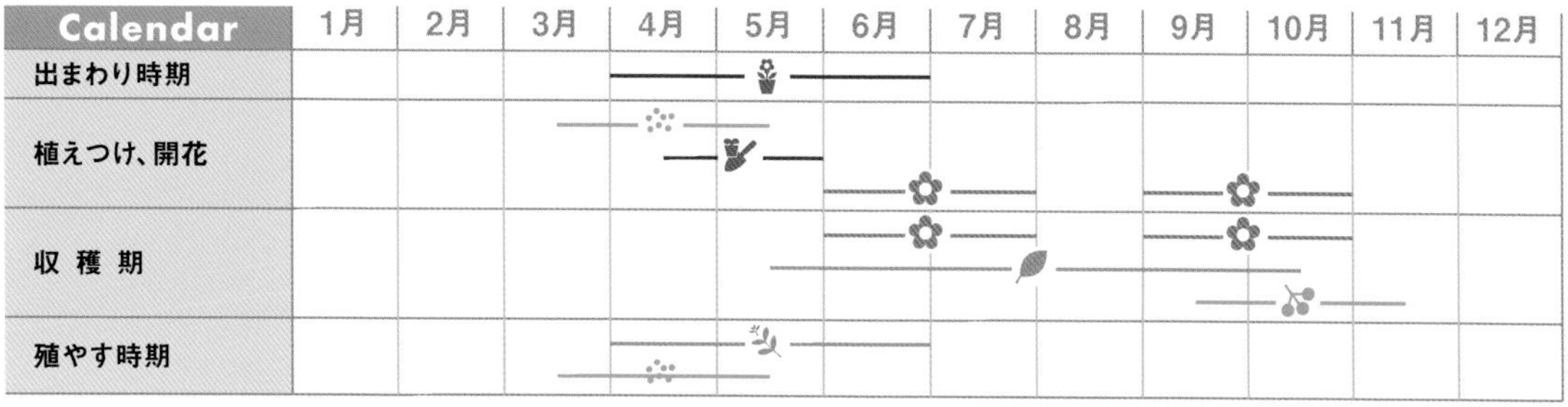

独特の強い香りがある生の葉は、消化を促し、胃腸を丈夫にする効果があると言われている。愛らしい小さな白い花がまとまって咲く。葉の収穫は花をつける前がベスト。

アジアから西洋の料理に広く使える

コリアンダー

Coriander

DATA

- 学名＝Coriandrum sativum
- 科名＝セリ科
- 原産地＝地中海沿岸
- 別名＝コエンドロ、カメムシソウ(和名)
- 草丈＝約20～120cm
- 出まわり時期＝4～6月、9～10月
- 使える部分＝葉、茎、種子、根
- 用途＝料理、サラダ、お菓子

野菜としてもよく知られるハーブで、中国では香菜《シャンツァイ》、タイではパクチーの名で呼ばれ、アジア料理の素材としてとてもポピュラーな存在です。葉には独特の強い香りがあり、日本では好みが分かれるところですが、肉や魚料理の臭み消しのほか、サラダやお粥の飾りつけ、茎ごと炒めてナンプラーなどで調味してもおいしくいただけます。スープの香りづけには根も重宝し捨てるところがありません。乾燥させた完熟種子は、甘い香りで、料理やお菓子の香りづけに。ホールのままピクルスの漬け汁やシチュー、マリネに加えるほか、カレーやクッキーには粉末をスパイスがわりに加えても美味です。

Variety use

❖使える部分 葉 茎 種 根

タイなどのアジア料理によく使われます。香りが強烈なので、少量でも料理の効果的なアクセントになります。

❖料理に……

香りが弱くなってしまうので、ドライよりフレッシュがおすすめ。ミツバのようにスープの浮き実、春雨サラダの飾りに使います。ベトナム風の生春巻きは、霧吹きで水をふきかけてやわらかく戻したライスペーパーに、好みの具（春雨、キュウリ、パプリカ、エビ、鶏肉など）と、小さくちぎったフレッシュの葉をのせて包めばできあがり。スイートチリソースをつけていただきます（左写真）。

❖タレに……

生の葉をみじん切りにして、しょう油に加えるとエスニックな風味のつけダレになります（右写真）。タイのナンプラーやベトナムのニョクマムにもよく合います。

Taking care

適した場所

日当たりと水はけのいい肥沃な場所を好む。真夏は暑さでとうが立ちやすく、葉がかたくなってしまうため涼しい半日陰に移すとよい。

殖やし方

種子まきで殖やす。こぼれ種子でも殖えるが、根がデリケートな直根性なので、移植をするなら本葉が１～4枚のうちに行う。

収穫：収穫期 3月～11月中旬

葉は草丈20cmほどになれば収穫可能。古葉ではなく、やわらかく香りもいい若葉を摘み取る。株が弱るので一度に多く摘みすぎないこと。種子は茶褐色に完熟した後、株の根元から刈り取って乾燥させる。耐寒性はあるが霜に当たると葉が黒ずむ。

育て方のポイント

植えつけ――種子まきから育てると葉の利用期間が長くなる。種子は、2粒ずつあわさっているので軽く押さえてふたつに分け、一昼夜水に浸けてからまくと発芽率がよい。移植を嫌うので庭や鉢に直接点まきする。間引き後、株間を30cm以上とって定植する。

水やり――庭植えの場合の水やりは特に必要ない。鉢植えの場合、表面が乾いたらたっぷりと与える。過湿は根腐れの要因にもなるので、梅雨時の水やりは控えめにする。

肥料――植えつけ時に、緩効性肥料を元肥として与える。追肥は、2カ月に1度の目安で緩効性の固形肥料を。

病害虫――株元に雨の跳ね返りや泥などがついたまま放置しておくと、株が弱り、アブラムシやヨトウムシなどの被害にあいやすくなるので注意する。

毎日のケア――茎がのびると倒れやすいので支柱を立てる。葉の収穫を長く続けるならこまめに花芽を摘んで葉の生長を促すとよい。枯れた葉は適宜丁寧に取り除く。雨の多い季節は敷きワラで覆うか、マルチングをして泥や水跳ねを防ぐ。冬は腐葉土などでマルチングするとよい。

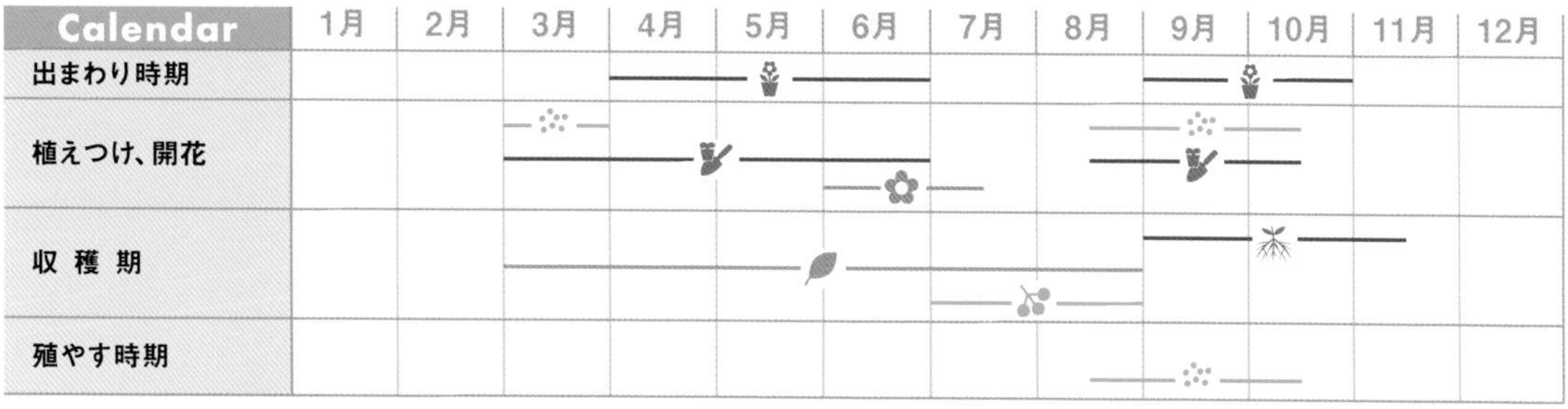

青ジソ、赤ジソと言えば日本でもおなじみのハーブ。栽培も容易なので、庭やベランダの片隅に植えておきたい。開花し始めた花穂（右上写真）は夏ぐらいから収穫できる。

ツマや薬味として大活躍する日本のハーブ

シソ

Perilla

DATA

- 学名＝Perilla frutescens var.crispa
- 科名＝シソ科
- 原産地＝中国南西部とその周辺
- 別名＝──
- 草丈＝約30～50cm
- 出まわり時期＝４～６月
- 使える部分＝葉、花、茎、実
- 用途＝料理、サラダ、お酒、ジュース

日本の食卓には欠かせないハーブで、刺身のツマや冷奴、そうめんなどの薬味として、最も身近に用いられています。青ジソと赤ジソがあり、どちらも栽培は容易。プランターなどでもよく育ち、ひと株あるとフレッシュな葉をいつでも利用できるのでとても重宝します。特に青ジソは生長段階に応じて利用法が異なり、若葉は刺身のツマやそばなどの薬味に、生長した葉は天ぷら、穂ジソは刺身のツマ、実は佃煮といったようにさまざまな使い方が楽しめます。梅干しの色出しに使う赤ジソは、シソ酒やジュースにしても美味で、花や実は薬味がわりに使えます。

Variety use

❖使える部分 葉 花 茎 実

シソの香りは鮮度が命なので、使う直前に収穫するのがおすすめ。保存しておく場合は葉の軸の部分を水に浸しておくとよいでしょう。

❖ドリンクに……

シソ酒は、焼酎や白ワイン、日本酒にシソの葉を入れ、2週間ほど寝かして葉を取り除き、ハチミツとレモン汁を入れればできあがり。赤ジソなら赤く色づきます。アルコールの苦手な方はシソジュースを。赤ジソの葉を約200gと水カップ5杯を入れて火にかけ、3分ほど煮出します。その後こして砂糖200g、クエン酸小さじ1を加えます。

❖料理に……

厚めに切ったかまぼこの中央に切れ込みを入れ、青ジソと練りうめを挟んでおつまみに（左写真）。細かく刻んだ葉を市販のドレッシングに加えるだけで、ぐっと風味が増します（右写真）。

Taking care

適した場所

水はけと風通しがよく、日当たりのいい肥沃な場所を好む。幼苗の頃は徒長しやすいのでよく日に当てる。

殖やし方

種子まきで殖やす。こぼれ種子からも容易に発芽するが、葉の香りと風味が劣化してくるので、毎年新しい種子を用意した方がよい。自家採取する場合、香りのよい株から種子を採るようにする。

収穫：収穫期 6～10月

本葉が10枚ぐらいになれば収穫可能。下葉から順次収穫する。摘心した葉や間引き苗も有効に利用する。花ジソは、花穂が10cmほどのび、花が半分咲いたもの。穂ジソとは、花が終わり穂の下に少し実のついたもの。完全に熟した実は、シソの実として収穫できる。

育て方のポイント

植えつけ――種子は水分を吸収しにくいので、一晩水に浸けてからまくとよい。光がないと発芽しないので、苗床にバラまきし、土はかぶせず手で押さえるだけにする。苗は株間20cm以上になるまで適宜間引きをしながら育てる。

水やり――発芽するまでは、水を切らさないようにする。発芽後は、土の表面が乾いたらたっぷりと与える。水切れをおこすと、葉がかたくなったり、生育が止まったりするので水やりはこまめに。夏場の乾燥予防にはマルチングが有効。

肥料――植えつけ時、緩効性肥料を土に混ぜておく。肥料切れすると株の勢いがなくなるので、月に2回ほど液肥を与えるか、固形肥料の置き肥をするとよい。

病害虫――アブラムシがつきやすいので、見つけ次第、駆除する。

毎日のケア――ある程度生長し、草丈20cmぐらいで摘心すると、脇芽が出て枝数が殖え、多くの葉をつける。葉を長期間利用するのであれば、花穂は早めに摘み取っておく。

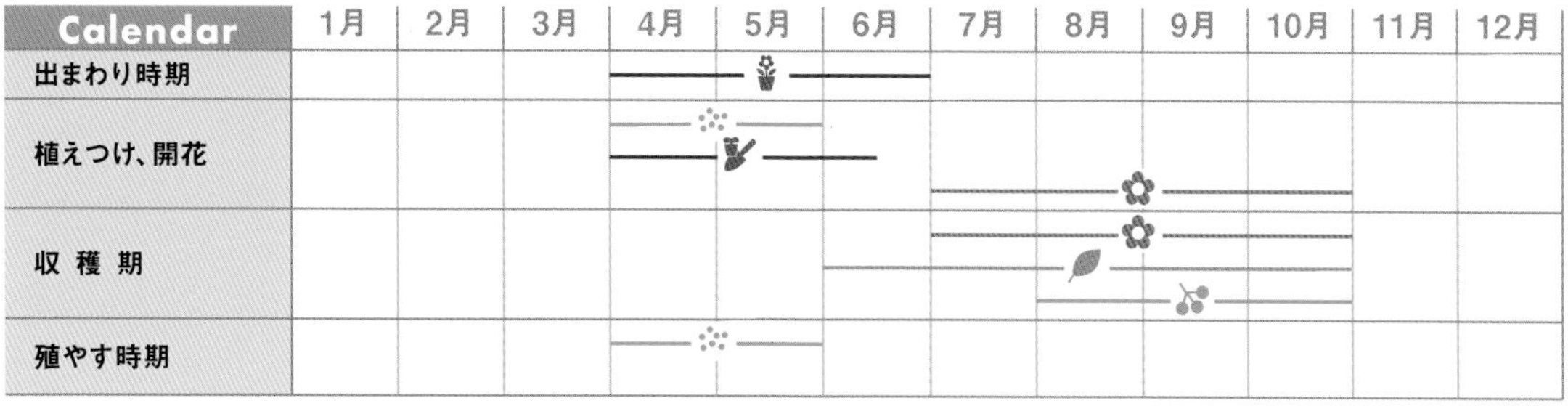

どんどん収穫できる
一年草ハーブ

12

上向きに元気よく咲く花が印象的。こぼれ種子でも殖えるほど丈夫。ドライフラワーなどに利用する時は、咲き始めのものを摘み取るようにすると色あせしにくい。

鮮やかな花色がポプリの彩りに最適

コーンフラワー

Cornflower

DATA

- 学名＝Centaurea cyanus
- 科名＝キク科
- 原産地＝ヨーロッパ南東部、小アジア
- 別名＝ヤグルマギク、ヤグルマソウ(和名)
- 草丈＝約30～100cm
- 出まわり時期＝3～4月、9～10月
- 使える部分＝葉、花
- 用途＝サラダ、お菓子、ティー、化粧水、ポプリ

英名ではコーンフラワーと呼ばれ、和名では、ヤグルマギク、などとして親しまれています。すっとのびた細い茎の先に、青や白、ピンク、紫などの鮮やかな花をつけ、花壇の彩りや切り花としても扱いやすいハーブです。花は咲き始めに摘むと色あせないので、乾燥させてドライフラワーやポプリにして楽しみます。青い色を上手に生かしたリースなどもおすすめ。

食用としては生花をサラダやデザートの彩りに。花びらを煎じた液は、収れん作用があるので化粧水やヘアトニックに。葉も同様にして、洗顔料や目が疲れた時の湿布がわりに利用できます。

Variety use

❖使える部分 葉 花

鮮やかな花の青を生かしたドライフラワーやポプリが一般的ですが、ティーやデザートなどにも積極的に利用してみたいハーブです。

❖ティーに……
生またはドライにした花をカップに2、3個入れ、熱湯を注いでいただきます。ドライの花は、紅茶に混ぜても(左写真)。

❖デザートに……
茎ごと収穫した花は花びらを乾燥させて、アイスクリームの飾りつけに(右写真)。花を煮出した液に砂糖、ゼラチン、レモン汁を加えて冷やしたゼリーも美味。

❖化粧水に……
フレッシュまたはドライの花に熱湯を入れて30分冷まして、こしたものは化粧水になります。茎や葉も同様にすると目が疲れた時の湿布がわりに。どちらも保存料が入っていないので、一度に使いきりましょう。

Taking care

適した場所

日当たりがよく肥沃な土壌を好む。じめじめした土では育ちにくいので、水はけのいい土壌を選ぶ。過湿を嫌うので、風通しのいい場所に置く。

殖やし方

種子まきで殖やす。こぼれた種子からでも毎年容易に発芽する。路地などでも雑草化するほど丈夫。

収穫：収穫期 4月～7月中旬

葉は適宜株元から切り取る。花は咲いたら、形や色が美しい2、3日のうちに茎ごと収穫する。花だけを使う場合でも、茎ごと切り取るようにするとよい。

育て方のポイント

植えつけ——種子は秋にまくと花がたくさんつき、大きな株に育つ。庭や鉢に直接まいてもよい。密集して株が込み合うと、風通しが悪くなり、貧弱な株になってしまうので間引きながら育て、最終的に株間を30cm以上とるようにする。

水やり——土が常に湿っている状態は根腐れの原因になるので、土の表面が乾いたらたっぷりと与える。乾燥させすぎても株が弱るので水切れに注意。

肥料——肥料がなくても生長するが、植えつけ時、緩効性肥料を元肥として与えておくと丈夫な株に育つ。肥料は与えれば与えただけ吸収し背丈をのばすので、液肥などを調節しながら与えるようにする。

病害虫——株が弱ると、ハダニやうどんこ病になりやすい。過湿、乾燥のさせすぎに注意し、風通しをよくする。

毎日のケア——咲き終わった花がらは株元からこまめに摘み取ると、長期間花を楽しむことができる。背丈がのび、倒れそうな株は支柱で支える。株があまり密集しすぎると風通しが悪くなり、病害虫の原因になるので株元まで日光が当たるように込み合った枝は適宜切り取る。

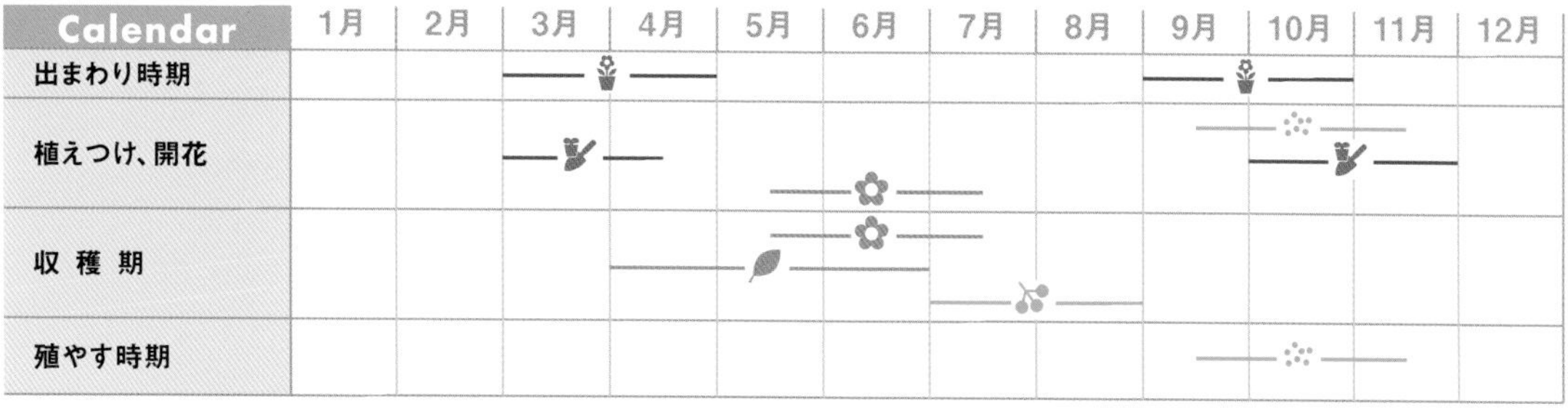

葉が茂ってきたら収穫適期。外側から少しずつ摘み取るようにすると、長い間収穫ができる。左と右下写真はおなじみの‘モスカールドパセリ’。右上は‘イタリアンパセリ’。

料理のつけあわせに欠かせない脇役ハーブ

パセリ

Parsley

DATA

- 学名＝Petroselinum crispum
- 科名＝セリ科
- 原産地＝地中海沿岸
- 別名＝オランダゼリ(和名)、モスカールドパセリ
- 草丈＝約30cm
- 出まわり時期＝4〜6月、9〜10月
- 使える部分＝葉、茎
- 用途＝料理、サラダ

料理の彩りに添える定番ハーブ。世界各地で愛用され、日本でも洋食だけでなく、和風料理にも広く使われます。地中海沿岸が原産で、葉はビタミンA、B、Cやミネラルを豊富に含みます。刺身や寿司などの生ものに添えると、葉に含まれるクロロフィルの防腐効果も期待できます。ポピュラーなのは、葉の縮れた‘モスカールドパセリ’ですが、葉が平たい‘イタリアンパセリ’も同様の使い方ができます。どちらも、初夏に花を咲かせると株が枯れるので注意。低温で管理すると花芽がつきやすくなるので、冬季は室内に取り込むと長期にわたり収穫できます。

Variety use

❖使える部分 葉 茎

※妊娠中の利用は控えめに

みじん切りにした葉は、ペーパータオルで絞るようにして水気をよく吸い取っておくと、パラパラとした粉末状になって使いやすくなります。

❖料理に……

生の葉は刻んでタルタルソースに。ゆで卵1個、ピクルス半分、タマネギ1/4個、パセリを細かく刻み、マヨネーズとコショウ少々を入れてあえます（右写真）。香り高い風味はクロワッサンサンド（左写真）に添えるほか、刻んでパスタやオムレツ、リゾットに入れるとおいしい。たくさん収穫できたら細かく刻んで、冷凍保存しておくと便利です。

❖スパイスに……

フィーヌゼルブ（P.16参照）は、フレッシュなパセリ、チャービル、タラゴン、チャイブ（アサツキでも可）を同量ずつみじん切りにして混ぜ合わせたもの。サラダ、スープ、バターなどに混ぜて使います。

Taking care

適した場所

日当たりのいい、適度に湿り気のある肥沃な場所を好む。25℃以上になると生育が衰えるので風通しのいい涼しい場所を選ぶ。夏の強い日差しは葉をかたくするので半日陰に。鉢植えでは、梅雨時の長雨にさらさないよう軒下などに移動する。

殖やし方

種子まきで殖やす。秋にまいたものは、翌年の春から収穫できる。

収穫：収穫期 3～11月

葉が12～13枚になれば収穫できる。株を傷めないように、茎ごと摘み取る。‘モスカールドパセリ’は十分に縮れた下の方の葉から収穫するとよい。一度にたくさん収穫しすぎると株が弱るので少しずつ収穫すること。

育て方のポイント

植えつけ——種子はひと晩水に浸けておくと発芽しやすい。庭や鉢に点まきする。水はけをよくするため、庭では畝を作っておくとよい。十分な光がないと発芽しないので、土はかぶせず軽く押える程度。土を乾燥させないように管理し、株間が30cmくらいになるまで間引きする。苗を求めた場合は、根を傷めないように移植する。

水やり——表土が半乾きになったらたっぷりと与える。水切れすると葉が黄色くなり、風味も落ちる。

肥料——植えつけ時、緩効性肥料を土に混ぜておく。肥料切れで株の勢いが衰え、葉が黄色くなることがあるので、2週間に1回の割合で液肥か、固形の置き肥を与える。

病害虫——高温乾燥期にアカダニがつきやすくなる。春と秋はアゲハの幼虫に注意。

毎日のケア——古くなった下葉や黄色くなった葉は茎ごとこまめに取り除く。花茎を見つけたら早めに切り落としておくと、葉を長期間収穫することができる。株元をワラなどでマルチングすると、強い光の照り返しや乾燥予防になる。冬は室内のあたたかい窓辺などで管理する。

Calendar	1月	2月	3月	4月	5月	6月	7月	8月	9月	10月	11月	12月
出まわり時期												
植えつけ、開花												
収 穫 期												
殖やす時期												

開花時期は春から秋までと長期間楽しめるのが魅力。葉色もきれいなので花壇の彩りに。バラのそばに植えるとアブラムシを防ぐコンパニオンプランツとしての役割も。

白と黄色のコントラストで明るく彩る

フィーバーフュー

Feverfew

DATA

- 学名＝Tanacetum parthenium
- 科名＝キク科
- 原産地＝アジア西南、バルカン半島
- 別名＝ナツシロギク(和名)
- 草丈＝約50〜60cm
- 出まわり時期＝4〜6月
- 使える部分＝葉、花、茎
- 用途＝サラダ、ティー、入浴剤、ポプリ

カモミールに似た白い花をつけるキク科のハーブで、切り花としても楽しめるほか、庭植えでは防虫効果も発揮します。食用にはやわらかい葉の先を摘み取って、サラダの飾りなどにぱらぱらと散らして使います。キク科特有の強い香りがするので少量使うのがポイント。葉をそのまま食べたり、ティーを飲んだりすると偏頭痛に効果があると言われます。また、ドライやフレッシュの花や葉をお風呂に浮かべれば、一日の疲れを癒す入浴剤に。

本来多年草ですが高温多湿に弱く日本では夏越しが困難なため、本書では二年草として扱いました。

Variety use

❖使える部分 葉 花 茎

※妊娠中の利用は控えめに

ドライにしてティーやポプリにするのが一般的な使い方。防虫効果があるので、靴や衣類の保護などに上手に利用しましょう。

❖ティーに……

葉や花を茎ごと刈り取って陰干しにして乾燥させ、細かく砕いておきます。カップ1杯につきティースプーン1杯程度の量が目安。5分程度蒸らしてからカップに注ぎます。やや苦味がありますが、頭が重く、気分がすぐれない時などに飲むと、リフレッシュできます（左写真）。また、ティーを冷まして作る即席のうがい薬は、のどの痛みをやわらげる効果があります。

❖ポプリに……

刈り取った葉や茎を束ねて風通しのいい場所で乾燥させます。虫除け効果もあるので、サシェにして洋服ダンスに入れておくのもアイデアです（右写真）。

Taking care

適した場所

日当たりと水はけがよければ、どんな土でも丈夫に育つ。高温多湿に弱いので、梅雨時から夏にかけては、特に風通しをよくする。冬の寒さには強いが、腐葉土などでマルチングして防寒するとよい。

殖やし方

種子まきか挿し芽で殖やす。挿し芽で殖やす場合、春に新芽を10cmほど切り取り、下葉を取り除いてから、バーミキュライトや小粒の赤玉土などに挿す。こぼれ種子でもよく殖える。

収穫：収穫期 3月中旬～11月中旬

株がある程度生長したら、葉は適宜収穫可能。春から秋まで収穫できる。開花後は、地際から1/3を残して茎葉ごと刈り取って収穫する。その後花の部分は摘み取り乾燥させて利用する。

育て方のポイント

植えつけ――早春か秋に、日当たりと水はけのいい土に種子をまく。ポットか苗床にまいて、間引きながら育て、最終的に株間を30～40cmあけて定植する。長日開花なので、秋まきなら翌春から、春まきは夏からの開花に。高温期は咲かないこともある。

水やり――過湿を嫌うので、水やりは控えめに。鉢植えの場合は土の表面が乾いたらたっぷりと与える。庭植えの場合はほとんど必要ない。

肥料――植えつけ時に緩効性肥料を元肥として与える。春と秋の生育期には2カ月に1回程度、緩効性肥料を追肥として与える。肥料を与えすぎると葉ばかりが茂って大ぶりになるので、花を多く咲かせるには小ぶりに仕立てるのがよい。

病害虫――乾燥すると、葉がカスリ状に白くなるハダニが発生しやすいので注意する。

毎日のケア――高温多湿に弱いので、蒸れ防止のため、梅雨前に根元や茎葉を刈り込んで風通しをよくしておく。鉢植えは夏の間、風通しのいい涼しいところで管理するとよい。

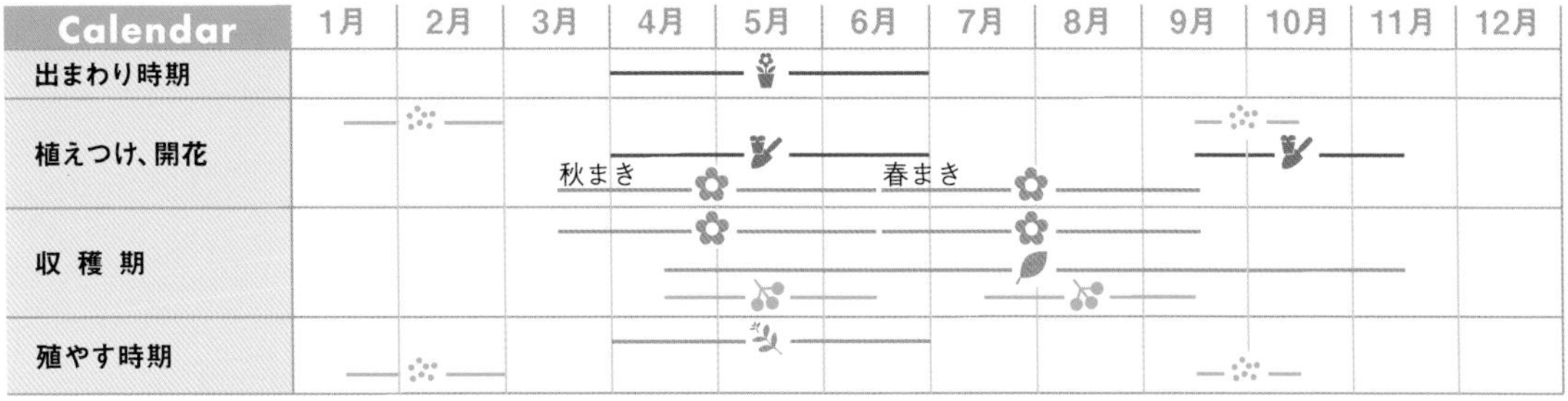

糸のように細い葉はよく枝分かれし、高さ１ｍぐらいまで生長する。開花は春から初夏。黄色い小花が集まるように咲く姿はとても涼しげで、観賞用としても楽しめる。

魚料理の飾りつけや風味づけに使いたい

ディル

Dill

DATA

- 学名＝Anethum graveolens
- 科名＝セリ科
- 原産地＝ヨーロッパ南部～アジア西南
- 別名＝イノンド
- 草丈＝約60～100cm
- 出まわり時期＝4～5月
- 使える部分＝葉、花、茎、種子
- 用途＝料理、サラダ

ほうきのような草姿のセリ科のハーブで、魚とよく合うので「魚のハーブ」の異名があります。糸のように細い葉はスッとした芳香があり、北欧ではマリネやサーモンを使う魚料理では必ずと言っていいほどよく使われるほか、刻んでドレッシングやマヨネーズ、スープなどに使います。葉をビネガーやオイルに浸しておけば、食卓の風味スパイスとしても最適。種子にはカルシウムやミネラル、リン酸などが豊富に含まれているので収穫して利用するとよいでしょう。種子はピリッとした軽い辛味があるので、ピクルスの漬け汁やサラダ、お菓子などのアクセントに使います。

Variety use

❖使える部分 葉 花 茎 種

葉はマリネなどの香りづけ、花はサワークリームに入れて肉料理に添えるとおいしさもアップ。種子は酸味のある料理とよく合います。

❖料理に……

葉は必要な分だけ切り取り、スモークサーモンのマリネに添えると風味が増します(左写真)。クラムチャウダーの飾りつけにもぴったり(右写真)。ジャガイモと相性がいいので、ふかして皮をむいたものに葉先を刻んであえ、塩、コショウで調味するとポテトサラダのできあがり。葉先をビネガーに入れてハーブビネガーにすれば、サラダなどの香りづけとして重宝します。ピクルスは、アップルビネガーと同量の水、砂糖、塩、ディルシード、ディルの花か茎、ブラックペッパー少々、ローレル1枚を軽く煮立て、密閉容器に入れたキュウリの上に注いで3日ぐらい寝かせます。約1カ月は保存ができます。

Taking care

適した場所

日当たりと水はけ、風通しのいい場所を好む。土質は特に選ばない。

殖やし方

移植を好まないので、種子を直まきする。放っておくと、初夏には結実してしまうので、早めに摘心をして、株を充実させること。

収穫：収穫期 3～8月

葉が茂ったら、下の方から順次収穫する。いちばん上の生長点を切ってしまうとそれ以上のびなくなるので注意。種子は、花が枯れて茶色に色づいた頃、茎ごと切り取って陰干しし、乾燥させて保存する。

育て方のポイント

植えつけ——春か秋に種子をまくが、秋まきの方が丈夫に育ちやすく大株になる。移植を嫌うので、種子は日当たりと水はけのいい、定植できる場所に直まきする。直根性で背丈が高くなるので、土は深めに耕し、鉢植えの場合は深めの容器を選ぶ。

水やり——庭植えの場合は、基本的には不要。種子まき直後と定植してから根がしっかり張るまではこまめに水やりする。鉢植えの場合は、土の表面が乾き、葉の先が少ししおれるぐらいになったらたっぷりと与える。

肥料——植えつけ時に、緩効性肥料を土に混ぜておく。追肥は春から秋に行う。

病害虫——春と秋にアゲハの幼虫が発生しやすく、花や実にはカメムシがつきやすい。

毎日のケア——草丈が1mぐらいに高くなるので、のびてきたら株が倒れないように支柱を立てるか、土を株元に寄せて増土するといい。冬は腐葉土などでマルチングして防寒する。

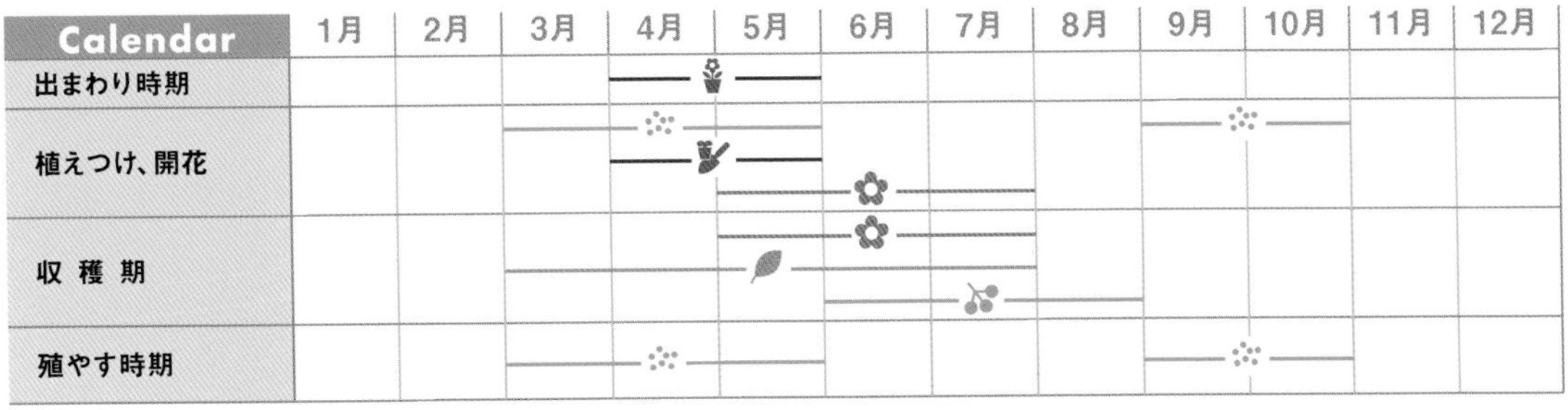

生長すると草丈は150cmほどになる。初夏から秋にかけて、薄いブルーの花が咲くが、これもエディブルフラワーとして用いることができる。

育てるのも簡単で、葉も花も独特の味わい

チコリ

Chicory

DATA

- 学名＝Cichorium intybus
- 科名＝キク科
- 原産地＝ヨーロッパ～シベリア、アフリカ北部
- 別名＝キクニガナ(和名)
- 草丈＝約120～150cm
- 出まわり時期＝9～10月
- 使える部分＝葉、花、茎、根
- 用途＝料理、サラダ、ティー

ヨーロッパを主な原産地とするキク科の植物で、原産地では多年草ですが、日本では一年草または二年草として扱われています。フランス語でアンディーブとも呼ばれるハクサイの芯を小さくしたような軟白葉は、洋野菜としておなじみ。苦味が少ないので、サラダにすればさくさくとした食感を楽しめます。葉はフレッシュのまま刻んでサラダやパスタ料理のアクセントに。美しい青紫の花も、エディブルフラワーとしてそのまま食べられます。また、乾燥させた根をローストしたチコリコーヒーは、まろやかな風味で苦味が少ないのが特徴。ノンカフェインコーヒーとしても楽しめます。

Variety use

❖使える部分 葉 花 茎 根

チコリと言えば軟白栽培した葉が有名ですが、若葉も食用できます。ほろ苦い風味で、サラダなどに利用できます。

❖料理に……

花のつぼみは酢、砂糖、塩少々を入れた甘酢に漬けてピクルスに。ほろ苦い葉は炒め物に、軽くゆでてグラタンなどに入れてもおいしくいただけます。生のまま刻んでサラダに加えても。軟白栽培した葉はオードブルに（左写真）。スモークサーモンやブルーチーズなどをのせてもよいでしょう。

❖コーヒーに……

根はよく洗って5mm幅ぐらいにスライスした後、陰干しし、よく乾燥させ、フライパンで茶色くなるまで炒ります。コーヒーミルで挽いて、通常のコーヒーと同じようにいれればできあがり（右写真）。コーヒー豆に混ぜてもＯＫです。

Taking care

適した場所

どちらかと言えば涼しく、風通しのいい場所を好む。高温多湿に弱いので、真夏の直射日光に一日中当たるような場所は避ける。

殖やし方

種子まきがおすすめ。こぼれ種子でもよく殖える。

収穫：収穫期 4月中旬～10月、12～2月

軟白葉を収穫する場合は、９月頃根を掘り上げ、根から3cmのところで葉を切り取る。深めの容器に腐葉土を混ぜた用土を入れ、根の上部が隠れるぐらいに植えつける。水抜き穴をあけた黒いビニール袋かダンボールで覆って10～18℃の場所で管理すると、軟白葉が出てくるのでそれを切り取る。

育て方のポイント

植えつけ――水はけのいい肥沃な土を好む。根が深くまっすぐ下にのびるので、庭植えの場合は植えつけ前に土をよく耕しておく。鉢植えの場合は、深めの容器を用意する。種子まきは春と秋が適期。移植を嫌うので、直まきして適宜間引いて育てるとよい。草丈が高くなるので株間は30cm以上あけて定植する。

水やり――土の表面が乾いたらたっぷりと与える。コンテナの場合は、水切れに注意する。

肥料――植えつけ時に、緩効性肥料や腐葉土をやや多めにすき込んでおくと、根の生育によい。追肥は、緩効性肥料を2週間に１度ぐらいのペースで与える。軟白栽培の場合は不要。

病害虫――春と秋にうどんこ病が発症しやすいので、乾燥、多湿に注意する。アブラムシ対策も忘れずに。

毎日のケア――草丈が高くなってきたら、適宜支柱をする。種子を採取しない時は、こまめに花がらを摘み取ると花つきがよくなる。

Calendar	1月	2月	3月	4月	5月	6月	7月	8月	9月	10月	11月	12月
出まわり時期												
植えつけ、開花							軟白				軟白	
収 穫 期			軟白									軟白
殖やす時期							軟白			軟白		

早春から花壇を彩る花として、ガーデン用としても人気が高い。花期も比較的長めで、こまめに花がらを摘むと次々に花をつける。一重咲きと八重咲きの品種がある。

鮮やかなオレンジや黄色の花色が印象的

ポットマリーゴールド

Pot Marigold

DATA

- 学名＝Calendula officinalis
- 科名＝キク科
- 原産地＝ヨーロッパ南部
- 別名＝キンセンカ(和名)、カレンデュラ
- 草丈＝約40〜60cm
- 出まわり時期＝2〜4月、10〜12月
- 使える部分＝葉、花、茎
- 用途＝サラダ、ティー、化粧水、クリーム、入浴剤

ヨーロッパ南部を原産とするキク科の植物で、太陽をイメージさせるようなオレンジや黄色の花が魅力的です。日本では主に花壇を彩る観賞用として利用されていますが、ヨーロッパでは万能薬として、またサフランの代用としてピラフの色づけなどに使われ、親しまれてきたハーブです。新鮮な花びらには軽い苦味があり、若葉と一緒にサラダなどに散らしたり、ソースやスープの色づけに利用できます。また、生かドライの花びらを煮出してこした液は皮膚を浄化して肌をなめらかにすると言われ、ローションやフェイスクリームのほか、入浴剤として楽しむこともできます。

Variety use

❖使える部分 葉 花 茎　※妊娠中の利用は控えめに

ぱっと目をひく鮮やかなオレンジ色が魅力。美しい色合いを生かして、サラダのアクセントなどに使うと効果的です。

❖ティーに……
生またはドライの花びらを使います。カップ１杯にフレッシュの場合は15ｇ、ドライは5gが分量の目安。熱湯200mlを入れて3分ほど蒸らしたあと、カップに注ぎ、好みでレモンやハチミツを加えます（右写真）。

❖料理に……
フレッシュの花をそのまま、あるいは花びらを手で摘み取り、サラダの彩りに散らすと、見た目も華やか（左写真）。若葉を一緒に加えてもよいでしょう。

❖アイスキューブに……
小さい花は丸ごと、大きいものは花びらだけを製氷皿に入れて凍らせれば、花を氷に閉じ込めた、彩りのきれいなアイスキューブに。夏のドリンクに浮かべて召し上がれ。

Taking care

適した場所

水はけがよく、肥沃な場所を好む。日陰だと花つきが悪くなるので、よく日の当たる場所がよい。寒さには強いが、冬の寒風で葉先が枯れ、株自体が弱ることもあるので強風にさらさないように注意する。根には地中のセンチュウを防除する働きがあるので、野菜畑などに植えてもよい。

殖やし方

種子まきで殖やす。開花後の種子を収穫して保存する。こぼれ種子でも毎年発芽するようになる。

収穫：収穫期　1～5月

主に花を使う。開花したものを順次摘み取り、生のまま使うか、乾燥させて保存する。葉芽や葉は随時収穫する。

育て方のポイント

植えつけ――種子は長期間花が楽しめる秋まきがおすすめ。苗床に9～10月に種子をまき、本葉が4、5枚になったところで株間を30cm以上あけて定植する。育苗は10℃前後の低温で管理すると節間が詰まった良質の苗ができる。

水やり――鉢植えの場合、表土が乾いたらたっぷりと与える。特に冬場の乾燥で病気にかかりやすいので、冬でも水やりを忘れずに。庭植えの場合の水やりは、特に必要ない。

肥料――植えつけ時に緩効性肥料を元肥として与える。長期間開花するので月１回程度、液肥か固形肥料を与えるとよい。

病害虫――乾燥のしすぎや多肥でハダニ、うどんこ病になりやすい。また、つぼみや葉を食い荒らす、ハモグリバエ、エゾギクトリバ、ヨトウムシなどは、見つけ次第捕殺する。

毎日のケア――咲き終わった花がらや枯れた下葉をこまめに取り除くと、下から花芽がどんどん出てくる。種子をつけないように管理すれば、長期にわたって次々と花を楽しむことができる。寒さには強いが、寒さの厳しい地方では日当たりのいい軒下などで管理する。

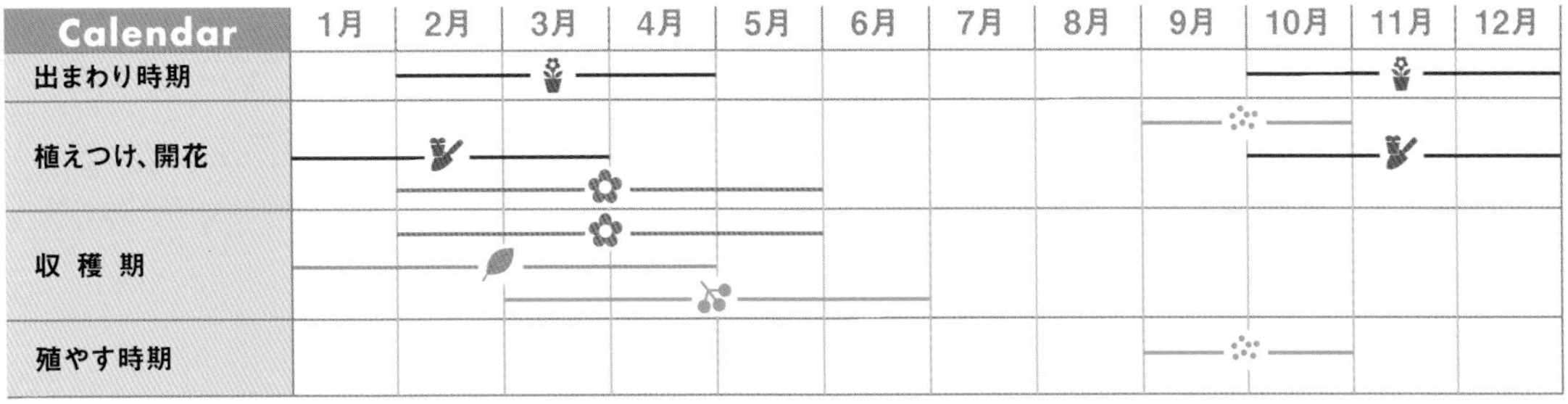

グリーンのレースのような葉は、パセリなどと同様に料理の飾りつけとして重宝する。草丈は約20〜60cmと小ぶりなので、コンテナ栽培にも向く。夏に白い小花をつける。

添えるだけで料理を一段とおいしく見せる

チャービル

Chervil

DATA

- 学名＝Anthriscus cerefolium
- 科名＝セリ科
- 原産地＝ヨーロッパ南東部〜アジア西部
- 別名＝ウイキョウゼリ(和名)、セルフィーユ
- 草丈＝約20〜60cm
- 出まわり時期＝4〜6月、9〜10月
- 使える部分＝葉、花、茎
- 用途＝料理、サラダ

フランスではセルフィーユの名で親しまれ「美食家のハーブ」と呼ばれるほど食卓に頻繁に登場します。特にフィーヌゼルブという数種類のハーブで作るミックススパイスには欠かせない存在です。

〝イタリアンパセリ〟に似た繊細な葉を持つハーブで、香りもパセリに似ていますが、よりやわらかい風味なので、みじん切りにしてオムレツやスープ、ドレッシング、肉や魚など、メニューを選ばない使い勝手のよさが魅力です。薄くて繊細な葉は、熱を加えると風味が落ちてしまうので、料理などのトッピングに使う時は、最後の仕上げの段階で用いるのがコツです。

Variety use

❖使える部分 葉 花 茎

ある程度生長した株から、随時収穫します。葉はデリケートで傷みやすいので、使う直前に収穫することをおすすめします。

❖料理に……

葉をフレッシュのまま、肉料理、魚料理、サラダなどの飾りつけに使います。熱に弱いので、最後にそっと添えます。パスタやオムレツには、手でちぎったりみじん切りしたものを加えてもよいでしょう（左写真）。ソースやディップのほか、マヨネーズとあえて風味をつけても（右写真）。パンにのせて焼くほか、サンドイッチに加えるといつもと違った味が楽しめます。

❖スパイスに……

チャイブ、タラゴン、イタリアンパセリとあわせて細かく刻んで混ぜ合わせフィーヌゼルブ（P.16参照）に。上品な風味で、各種料理の香りづけによく合います。

Taking care

適した場所

風通しがよく半日陰で涼しい場所を好む。やや湿り気のある肥沃な土壌がよい。夏場の強い日差しで葉焼けをおこすと枯れてしまうので、適宜日除けをするとよい。

殖やし方

3～4月、9～10月に種子をまいて殖やす。

収穫：収穫期 2～7月

発芽後、1、2カ月経ち10cmほどのびれば収穫可能。フレッシュなものだけを利用するので、必要な時に外側の方の葉から摘み取る。間引き苗も収穫できる。回復力が弱いので、ひと株から多く摘みすぎないように注意。種子を採る場合は、実が茶色く色づいてきたら株元から刈り取り、吊るして乾燥させる。

育て方のポイント

植えつけ――種子は地面に直接まく。土を乾燥させないように管理。株間が20cm以上になるように間引きする。移植を嫌うので、苗はなるべく小さなものを購入するとよい。

水やり――水分を好み、やや湿った土がよいので、表土が渇きはじめたらすぐ与えると葉がやわらかくなる。夏場の乾燥には特に弱いので水切れに気をつける。常にじめじめした状態では根腐れをおこすので、やりすぎには注意し鉢受けには水を溜めないようにする。

肥料――元肥として緩効性肥料を土に混ぜておく。追肥は月1回の固形肥料の置き肥をするか、月1、2回ほどの液肥を施す。

病害虫――夏場の蒸れにより、立枯病になりやすい。株が弱るとアブラムシがつくこともあるので、高温と乾燥に気をつける。

毎日のケア――開花するとすぐに枯れてしまうので、花茎が立ち上がってきたら早めに切り取り、株の衰弱を防止する。

Calendar	1月	2月	3月	4月	5月	6月	7月	8月	9月	10月	11月	12月
出まわり時期												
植えつけ、開花				秋まき		春まき						
収 穫 期												
殖やす時期												

白いうぶ毛の生えた花茎に、星形の紫色の花をつける。花壇やコンテナなどに植えれば春から夏にかけて美しい花色が楽しめる。

星形の青い花が神秘的なイメージ

ボリジ

Borage

DATA

- 学名＝Borago officinalis
- 科名＝ムラサキ科
- 原産地＝地中海沿岸
- 別名＝ルリヂシャ（和名）
- 草丈＝約60～80cm
- 出まわり時期＝4～6月
- 使える部分＝葉、花
- 用途＝サラダ、お菓子、入浴剤

うつむくように咲くブルーの花の美しさがぱっと目をひくハーブです。主に料理や飲み物の飾りに使いますが、神秘的な華やかさがあるので、切り花のアレンジ花材に使ったり、花壇の彩りとして用いたりします。花は冷たい飲み物に一輪浮かべるだけで涼しげな印象に。砂糖漬けにしてケーキやアイスクリームなどのデザートに添えれば、いつものお菓子をよそゆき顔にかえてくれます。

白いうぶ毛の生えた葉は濃い緑色。キュウリに似た味わいでフリッターやサラダに。カリウムやミネラルを含み、体を元気にする作用があると言われています。

Variety use

❖使える部分 葉 花

葉や茎はキュウリのような香りと味がするのが特徴。花はサラダに加えると彩りがぱっと華やかになります。

❖料理に……

花はフレッシュのまま丁寧に茎からはずし、よく水洗いして水気をとったあと、グリーンサラダの仕上げの飾りとして用います（左写真）。砂糖がけにする場合は、花の両面にハケでまんべんなく卵白を塗り、グラニュー糖か粉砂糖を表と裏に振りかけます。その後よく乾燥させてビンで保存しましょう。ケーキやアイスクリームなどの、デザートやドリンクの飾りつけによく合います。葉は細かく刻んでサラダに加えるとよいでしょう。

❖入浴剤に……

生かドライの葉、花を木綿の袋かハンカチなどにくるみ浴槽に入れます（右写真）。

Taking care

適した場所

日当たりと水はけ、風通しのいい場所を好む。高温多湿に弱いので、真夏の直射日光が一日中当たるような場所は避ける。寒さには強いので戸外で越冬できる。

殖やし方

種子が大きいので、直まきしてもよく発芽する。こぼれ種子で、翌年自然発芽することが多い。

収穫：収穫期 4〜9月

葉は適宜収穫が可能。花は開花時に萼《がく》からそっとはずすように摘み取る。短い時間しか咲かないので、きれいな色の時を見はからって収穫するとよい。葉と花は乾燥させると本来の香りが失われるので香りを楽しむなら、フレッシュを使う。

育て方のポイント

植えつけ——春か秋に市販の苗を植えつける。種子は秋まきの方が丈夫に育ちやすく大株になる。移植を嫌うので、日当たりと水はけのいい、定植できる場所に直まきする。直根性なので土は深めに耕し、鉢植えの場合は深めの容器を選ぶこと。

水やり——乾燥を好むので、水の与えすぎに注意する。

肥料——植えつけ時に、緩効性肥料を土に混ぜておく。追肥は窒素分が多い液肥などを数回にわたって与えると、株の生長を促す。ただし、与えすぎに注意。

病害虫——ほとんどなし。

毎日のケア——高温多湿を嫌うので、なるべく乾燥ぎみに管理する。鉢植えの場合は、真夏の直射日光などに当たらない場所に移動する。庭植えの場合は日除けが必要。梅雨時に株が蒸れて枯れることがあるので風通しをよくするために、込み合ったところを適宜刈り込んでおく。寒さには強いが霜除けをして冬越しする。

Calendar	1月	2月	3月	4月	5月	6月	7月	8月	9月	10月	11月	12月
出まわり時期												
植えつけ、開花												
収 穫 期												
殖やす時期												

6つの方法で どんどんハーブを殖やそう！

ハーブを育てる喜びのひとつにあげられるのが、「自分でカンタンに殖やせる」こと。ここでは、ハーブの株や、花、葉を殖やす方法とコツをお教えします。

いちばんカンタンでポピュラーな殖やし方は挿し木・挿し芽

　自分で育てたハーブと同じ性質のものが欲しい時、またおすすめの苗を周囲のひとにプレゼントしたい時など、そのハーブ自体を使った、挿し木・挿し芽や株分け、摘心などの作業によって、香りや花色など、お気に入りの性質を引き継いだハーブを作ることができます。これらの作業は、同じ性質の株が殖えるだけでなく、弱って収穫量が減ってしまった株を若返らせたり、乱れた草姿を整えたり、いいこと尽くし。テクニックいらずで、初心者でも簡単にできるのもうれしい点です。特に茎や枝をカットして、水または土に挿すだけの、挿し木・挿し芽は手軽で多くのハーブに適します。殖やし方は、品種によっても向き不向きがあるので、気をつけましょう。

　ハーブがひと苗あれば、多年草は苗をどんどん殖やすことができ、一年草は翌年もまた種子まきから楽しめます。

株分けで殖やせるのは、主に多年草のハーブ。鉢植えの場合、苗が窮屈になりはじめた頃が適期。根を傷めないようにやさしく取り扱う。

株分け

セリ科やイネ科のハーブのように、挿し木に向かない品種は株分けで殖やします。春や秋の花がついていない時に、それぞれに芽や根がついた状態で、根が傷まないよう手で分けます。無理矢理引っ張ると株が弱る原因になるので、自然に分かれる位置で分けること。植え込み後は半日陰で、新芽が出たら日なたで管理しましょう。

株分けで殖やせるハーブ

コンフリー、サラダバーネット、スイートバイオレット、チャイブ、フィーバーフュー、ベルガモット、マジョラム、マロウ、ミント、ルバーブ、レモングラス、レモンバーム、ヤロウ、タラゴン、フェンネル、ミョウガ、カラミント、ヒソップ、ラムズイヤーなど

挿し木・挿し芽

ハーブを殖やす方法として、多くのハーブでできる比較的簡単な方法が挿し木や挿し芽。作業に適している季節は、活発に生育する初夏か秋。活動がにぶく、挿す枝が腐りやすい真夏と休眠期にあたる冬は避けましょう。ただし、温度と湿度の条件が揃えば根をのばすことができるので、真冬でも日なたのあたたかい窓辺なら大丈夫です。

【水挿しの方法】

その年に枝をのばした新しい枝の先端を2、3節、または10～15cmほど切り（切った枝を「挿し穂」と言います）、コップやビンに水を張った中に枝を挿します。下葉は水に浸からないように落としましょう。１週間ほどで発根しますが、それまでは毎日水をかえること。容器も水をかえるたびに洗います。カーテン越しに光が当たるくらいの、直射日光の当たらない明るい室内で管理しましょう。

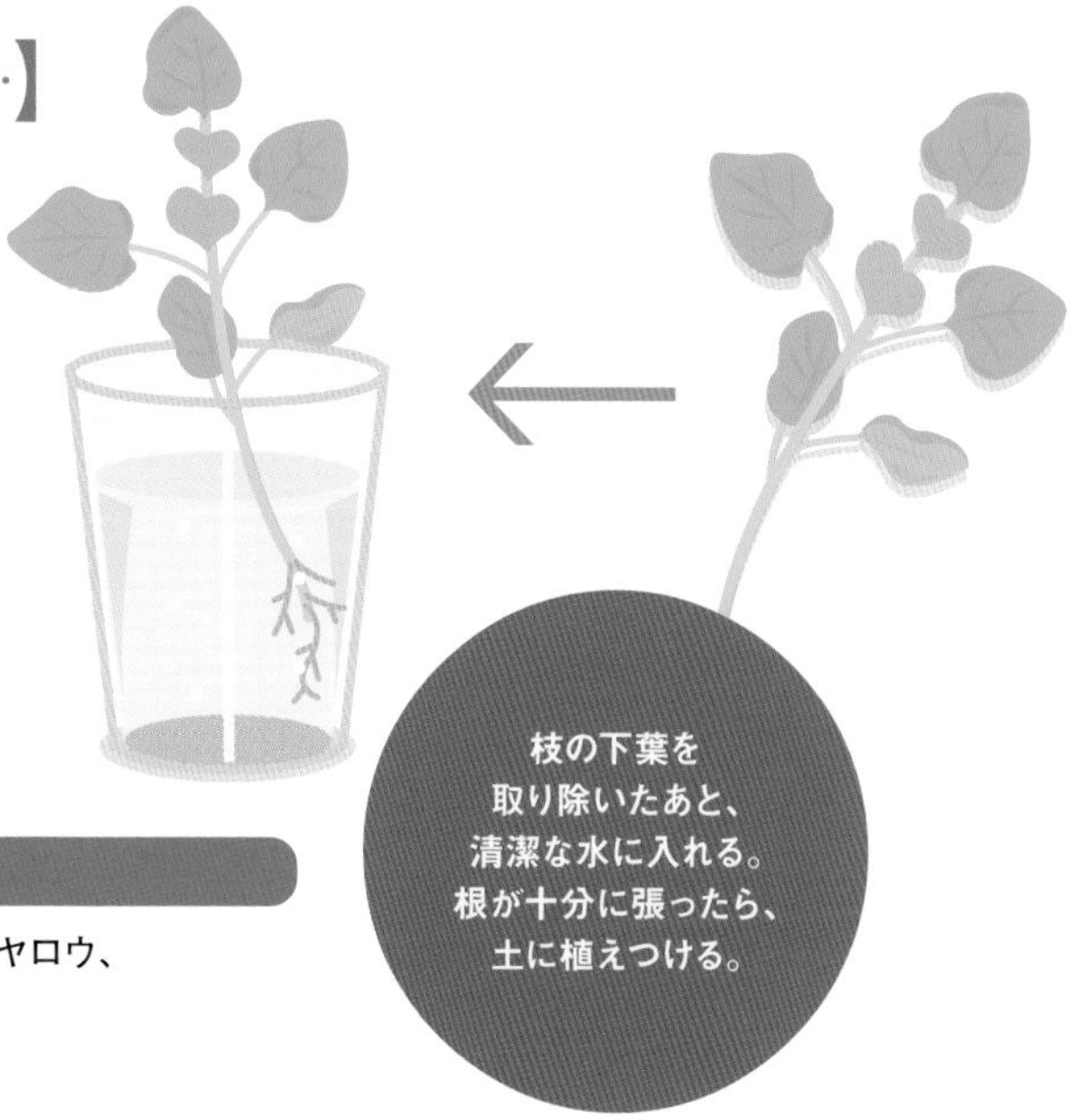

水挿しで殖やせるハーブ

ナスタチウム、バジル、ミント、フィーバーフュー、ヤロウ、レモンバームなど

【土挿しの方法】

病害虫に侵されていない若枝の先端を2、3節、または10～15cmほど切り、下葉を取っておきます。鉢またはポットには、雑菌の繁殖を防止するため清潔な新しい挿し木用の培養土（肥料分のない用土）を入れ、水で湿らせておくこと。土全体が湿ったら、下葉を除いたすぐ上の節まで挿し穂を土に挿し込みます。植えつけ後3、4日は湿度を保ちながら、明るい日陰で管理し、その後日なたへ移動しましょう。

土挿しで殖やせるハーブ

アニスヒソップ、オレガノ、カレープラント、サントリナ、キャットニップ、セージ、ミント、タイム、タラゴン、センテッドゼラニウム、ヒソップ、ローズマリー、フィーバーフュー、マジョラム、ラベンダー、ヤロウ、レモンバーム、バラなど

摘　心

上にまっすぐのびて生長するバジルやミント、レモンバームなどは、株の先端にできる頂芽を切り取ることで、新芽の伸長を促し、枝数を殖やすことができます。葉の収穫量も増えるとともに、草姿が整うので一石二鳥です。

本葉が揃うように
なったら、手を使って苗の
先端をやさしく摘み取る。
残った葉のつけ根から
脇芽がのび、
枝の数が殖える。

摘心で殖やせるハーブ

アニスヒソップ、オレガノ、カラミント、キャットニップ、キャットミント、シソ、セージ、タイム、バジル、ヒソップ、フィーバーフュー、ミント、レモンバーベナ、レモンバーム、ローズマリー、センテッドゼラニウムなど

取り木

植物のなかには、倒れるなどした時に地面についた部分から発根する品種があります。ハーブの多くが持つこの性質を利用した殖やし方が、取り木です。地上部の枝や茎の根を出させたい部分を土に埋め、そこから発根させます。新芽が活動を始める5〜6月頃が適期。根が張った感触が確認できたら、根を含めた上部を切り取り、移植します。

枝を地面に
固定させるために、
U字のピンや針金を
用いるとよい。
土中の適度な湿気が
発根を促す。

取り木で殖やせるハーブ

オレガノ、セージ、タイム、ヒソップ、ミント、マジョラム、レモンバーム、ローズマリーなど

種子まき

自家栽培のハーブは、種子で殖やすこともできます。花がらを摘まずにいると種子が結実するので、収穫し、乾燥保存します。品種によって異なりますが、種子まきの適期は春か秋(種子まきについてはP.170から詳しく解説しています)。寒すぎても、暑すぎても、発芽しにくくなるので、発芽適温を見はからって種子まきしましょう。

種子の大きさによって適したまき方が異なる。種子まき後は土を乾燥させると発芽しにくいので、水切れに注意する。

種子まきで殖やせるハーブ

パセリ、コリアンダー、チコリ、バジル、チャービル、ディル、ナスタチウム、ボリジ、ポットマリーゴールド、ロケットサラダ、シソ、ルバーブなど

そのほか…

●ランナーで殖やす

ワイルドストロベリーやスイートバイオレットなど、ランナーをのばして生長する品種の場合、ランナーの先にできる子株を切り取って殖やす。

●球根で殖やす

サフランに代表される球根植物のハーブは、球根の分球により殖やすことができる。

新芽が殖えて株が長持ちする 切り戻し

花が終わった枝や、枝がのびすぎて草姿が乱れたり大きく茂った株を、全体の2/3、また株元からカットすることを「切り戻し」と言います。この作業により、新芽が生長して株が若返ります。夏の蒸れに弱いものは梅雨前に切り戻しておくと、株元への日当たり、風通しが良好に。夏越ししやすくなるので秋に再び花を咲かせるものもあり、花の収穫量を増やすことができます。

切り戻しで株が長持ちするハーブ

カモミール、セージ、ポットマリーゴールド、ラベンダー、ミント、タイム、オレガノ、ヤロウなど

主に花を利用するハーブは、切り戻しをすることで花つきがよくなる。梅雨前に切り戻すと、株の蒸れを防ぐことができる。

Lemon Balm Mallow

Catnip Tarragon

Fennel Chives

Lemongrass

Wild Strawberry Stevia

Bergamot Anise Hyssop

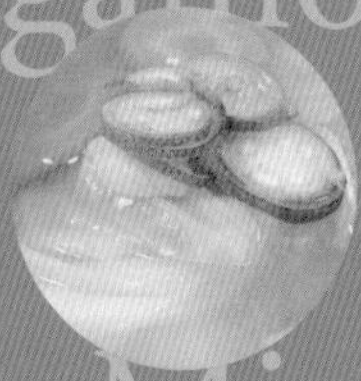

Mioga Ginger

Saffron Crocus

Common Comfrey

Marjoram Rhubarb

Salad Burnet

Common Calamint

毎年楽しめる
多年草ハーブ
19

多年草とは、休眠の間、地上に出ている部分が枯れ、
春になると、また芽吹いてくる植物のこと。
何年も生長し続けるので、長くお付き合いができるハーブです。
飽きずに、暮らしの定番にしたくなる19種をご紹介。
お気に入りの香りを見つけてみませんか？

●「育て方のポイント」の「植えつけ」では、初心者に向く最も簡単な方法を紹介しました。ほかの方法でも殖やせるものは「殖やし方」で解説しています。またカレンダーで種子まきの時期は「植えつけ、開花」「殖やす時期」に記載しています。

6～7月頃、シソに似た白い小さな花を多くつける。葉の全体にやわらかいうぶ毛があり、明るいグリーンは花壇の彩りとしても人気が高い。

柑橘系の香りで心身ともにリラックス

レモンバーム

Lemon Balm

DATA

- 学名＝Melissa officinalis
- 科名＝シソ科
- 原産地＝ヨーロッパ南部
- 別名＝セイヨウヤマハッカ（和名）
- 草丈＝約30～60cm
- 出まわり時期＝3～5月、9～10月
- 使える部分＝葉、花、茎
- 用途＝お菓子、ティー、入浴剤、リース

南ヨーロッパ原産のハーブで、明るいグリーンの葉が印象的です。葉はレモンに似た芳香があり、ハーブティーにして飲むと発汗作用を促し、風邪の初期症状に効果があると言われています。また、ミントなどとブレンドしたティーも口当たりがさわやかで、初心者にもおすすめ。乾燥すると香りが薄れるので、フレッシュのままティーにしたり、フルーツコンポートやゼリー、ババロアなどのトッピングとして利用します。また、摘みたての葉や花を布袋に入れお風呂に浮かべれば、手軽な入浴剤に。リラックス効果を高めるほか、肌をなめらかにすると言われています。

Varietyuse

❖使える部分 葉 花 茎

葉は乾燥させると風味が落ちるので、フレッシュのまま使いましょう。保存したい時は、冷凍してもＯＫです。

❖ティーに……

消化を助ける作用があるので、食後にいただくとよいでしょう。フルーツも入れてフルーツティーにしても美味です。

❖デザートに……

新鮮な葉を飾りつけに添えるとほのかなレモンの香りが楽しめます。手軽に楽しめる夏のドリンクとして、氷とハーブをミキサーにかけてくだき、ハチミツとレモンを加えていただくハーブドリンク（右写真）もおすすめ。さっぱりとした飲み口で、おもてなしにも重宝します。

❖リースに……

フレッシュなレモンバームを使ったテーブルリース（左写真）はいかが。水を含ませた水苔をワイヤーでまとめ、数種類のハーブを挿して作ります。

Taking care

適した場所

やや湿った肥沃な土壌がよい。日なたを好むが、盛夏の強光では葉がかたくなり、茶色に葉焼けをおこすので、夏場は半日陰で管理。冬は地上部を切り戻し、マルチングを施す。周年、室内栽培も可能で、その場合はレースのカーテン越しなどの日だまりで風通しのいい場所を選ぶ。

殖やし方

種子、挿し芽、株分けで殖やすことができる。挿し芽は、若い芽を選び5、6cmほどに切り取り、土に挿すと容易に発根する。

収穫：収穫期 4〜10月

葉はいつでも収穫できる。開花期が、最も葉の香りや風味がよいので、株元から刈り取るとよい。刈り取った後、追肥を行っておくと、秋にまた若い芽が出てきて収穫できる。

育て方のポイント

植えつけ――種子は微粒なので、古ハガキなどにのせ条まきする。薄く土をかぶせ、乾燥させないように管理。2週間ほどで発芽するので適宜間引く。地下茎をのばしてどんどん生長するので、庭植えの場合は株間を60cm以上とり、鉢植えの場合は深めの鉢を選ぶ。

水やり――水切れが致命的になるので、表土が乾き始めたらすぐに与える。水不足で葉のつやがなくなると、風味とやわらかさを損なう。特に乾燥する夏場は、庭植えの場合も朝夕の水やりが好ましい。

肥料――肥沃な土壌を好むので、植えつけ時に、土に腐葉土を4割ほど混ぜ、緩効性肥料を元肥として与える。春の萌芽時と、秋の収穫後に窒素分の少ない化学肥料を与える。

病害虫――夏の高温乾燥期にハダニが発生しやすい。ハダニがついた葉は茎ごと切り取り、日陰で養生を。ハマキムシにも注意。

毎日のケア――夏の高温期、株が弱ってくる頃に咲く花は株を疲れさせるので、なるべく咲かせない方がよい。花茎がのびてきたらその枝ごと刈り取ると、株の寿命がのびる。梅雨の多湿期は株の蒸れを防ぐために込み合った枝葉は剪定し、風通しをはかる。放置しておくと背丈がのびすぎるのでこまめに摘心する。

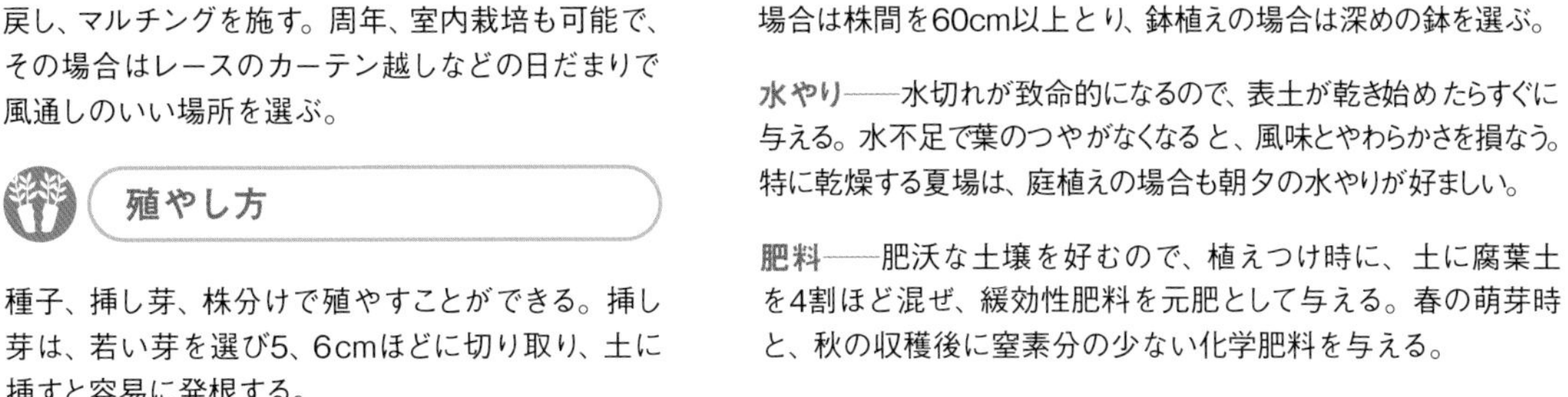

コモンマロウ（左写真）は薄いピンクから濃い紫色の多様な花色で、観賞用としても人気が高い。葉はビタミンが豊富。ムスクマロウ（右写真）は、葉がジャコウに似た香りを持つ。

レモンを入れると色が変化するティーが人気

マロウ

Mallow

DATA

- 学名＝Malva sylvestris
- 科名＝アオイ科
- 原産地＝ヨーロッパ南部
- 別名＝ウスベニアオイ(和名)
- 草丈＝約100〜200cm
- 出まわり時期＝4〜6月、9〜10月
- 使える部分＝葉、花、茎
- 用途＝料理、ティー、お酒、ポプリ

和名で、ウスベニアオイ・とも呼ばれるマロウは、初夏に鮮やかな色の華麗な花をつけ、観賞用としても楽しめるハーブです。利用するのは主に花の部分。フレッシュまたはドライにした花に熱湯を注いだハーブティーは、レモンを入れると薄いブルーからピンクに色が変化する様子が楽しめ、もてなしのお茶としても喜ばれます。ティーは鎮静作用や気管支炎などに効果があり、風邪ぎみの時に飲むと元気になると言われています。

少し粘り気のある若い葉や茎はゆでてバター炒め、天ぷらにするなど、野菜のような使い方もＯＫ。生長すると草丈は２ｍ前後になります。

Varietyuse

❖使える部分 葉 花 茎

マロウと言えば、色の美しさが楽しめるハーブティーが有名。ガラスのポットやティーカップなどに入れて鮮やかな色の美しさを楽しみましょう。

❖ティーに……
フレッシュまたは乾燥させた花をカップ1杯につき3個を目安に入れ熱湯を注ぎます。本来は青い色（左写真）ですが、レモンをたらすとピンク色に変化する楽しいお茶です。

❖ドリンクに……
ドライの花を白ワインのボトルに7～8個入れて軽く振り、数日冷蔵庫で寝かせれば、おしゃれなハーブワインのできあがり。

❖クラフトに……
ドライにした花はポプリに。手で細かくくだいてハーブ石けんの材料にしてもきれいです（右写真）。

❖料理に……
葉や茎はゆでて、おひたしや炒め物などに使います。

Taking care

適した場所

日当たりと風通しがよく、水はけのいい肥沃な土壌を好む。大株に育つので広い場所が必要。庭では株間1m以上とれる場所、鉢は30cm以上ある深めのものを用意する。

殖やし方

種子まき、株分けまたは挿し芽で殖やす。株分けは春か秋に行う。挿し芽は、冬越しした株の根元近くに出た脇芽を使用。数年経った株は、株も花もともに小さくなるので早めに更新を。

収穫：収穫期 5～9月

5月頃から開花する。花は一日で咲き終わってしまうので、咲き出したらすぐに、できれば朝一番に摘み取るとよい。

育て方のポイント

植えつけ――直根性で幼苗は移植を嫌うので、種子は庭か大きく深い鉢に直接点まきする。乾燥させないように管理し、適宜間引く。苗を購入した場合は、株間を80～100cmほどあけて定植する。鉢の場合は1鉢1株にする。

水やり――鉢植えの場合は、表土が乾いたらたっぷりと与える。特に夏場の水切れには注意。冬場はやや乾燥ぎみに管理し、表土が乾いてから2、3日後に与えるとよい。庭植えの場合は不要。

肥料――植えつけ時、骨粉や緩効性肥料を土に混ぜておく。開花前に骨粉を少量株元にまいてやると花の色が鮮やかに出る。追肥は月1回程度液肥を与える。大きく育ちすぎるので、肥料は控えめにする。

病害虫――ほとんどなし。

毎日のケア――草丈がのびたら支柱をし、倒れないように支える。枝葉が込み合ったところは適宜剪定をし、日光が差し込むようにしてやると開花しやすくなる。のびすぎた茎は摘心をして丈を調節する。

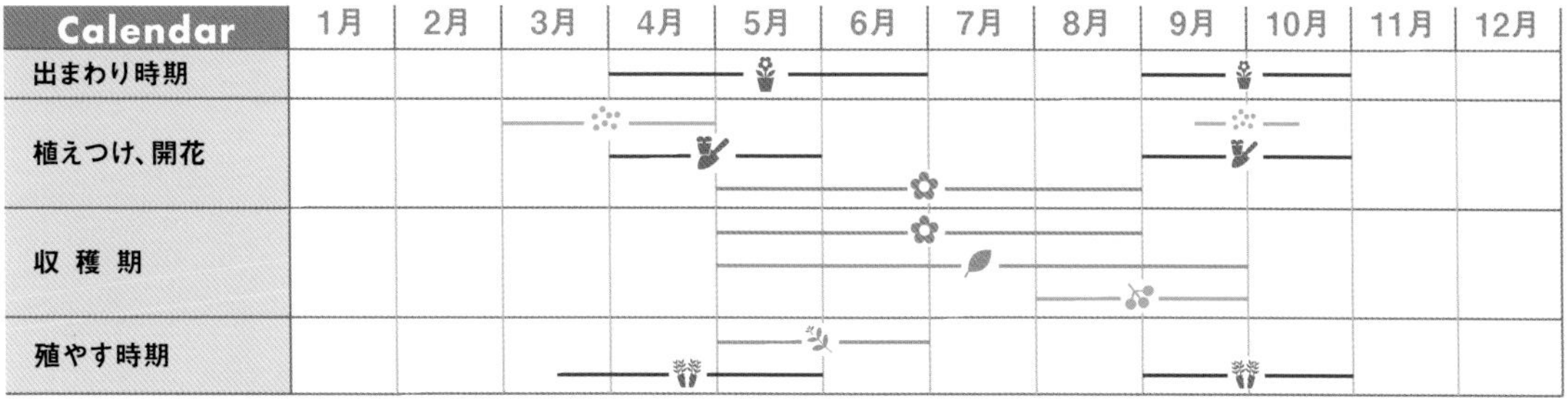

初夏にシソの花に似た白い花をつける。草丈は約40〜60cmに生長する。葉色は瑞々しいグリーンなので、花壇でもコンテナに植えてもよく映える。右下の写真の花は近縁種のブルーキャットミント。

猫が喜ぶおもちゃが作れるハーブ

キャットニップ

Catnip

DATA

- 学名＝Nepeta cataria
- 科名＝シソ科
- 原産地＝ヨーロッパ、アジア西南、中国、朝鮮半島など北半球各地
- 別名＝チクマハッカ、イヌハッカ(和名)、キャットミント
- 草丈＝約40〜60cm
- 出まわり時期＝4〜6月、9〜10月
- 使える部分＝葉、花、茎
- 用途＝サラダ、ティー、キャット・トイ

猫がこの香りを好むことから「猫のかみかみ」という名がつきました。しかし日本に渡ってきた時に、なぜか、イヌハッカ・という和名がつけられた不可思議なハーブです。レモンバームに似た葉は、ハッカのようなさわやかな香りがあり、ティーとしていただくのがポピュラーな使い方。フレッシュでもドライでも香りは変わらず、眠れない夜に飲むと、心身を落ち着かせる作用があると言われます。初夏に咲く紫がかった白い花は、エディブルフラワーとして、サラダの飾りつけなどに利用します。また、乾燥した葉を利用したキャット・トイは、愛猫お気に入りのおもちゃになります。

Varietyuse

❖使える部分 葉 花 茎

※妊娠中の利用は控えめに

葉や花はフレッシュでもドライでも楽しめます。ミント風の香りは、ティー、料理、入浴剤などさまざまな使い方が可能です。

❖ティーに……
フレッシュまたはドライの葉に熱湯を注いだティーは眠りを誘う効果があると言われます（左写真）。カップに葉を浮かべる時は、幼葉を使うとかわいらしさが増します。

❖料理に……
葉や花はフレッシュのまま適当な大きさにちぎってサラダに、刻んでスープやソースの香りづけに使います。

❖キャット・トイに……
薄手の木綿の布に乾燥させた葉と綿を詰めて、ひもなどで縛れば、猫が喜ぶ簡単なおもちゃのできあがり（右写真）。ひもを長めにしておいて吊るしたり、ネズミの形に縫い合わせてみても楽しいでしょう。

Taking care

適した場所

日当たりと風通し、水はけのいい、やや湿り気のある土を好む。大株に育つので、なるべく広い空間が好ましい。夏は涼しいところで管理し、冬は霜の当たらない戸外か、室内で管理し越冬させる。猫の被害にあわないようにするには、網で囲ったり、周囲にラズベリーやバラなどトゲのある植物を植える。

殖やし方

種子まき、挿し芽、株分けなど。こぼれ種子でもどんどん殖える。初心者には株分けがおすすめ。

収穫：収穫期 4月中旬～11月

葉は春から秋まで収穫可能。花は開花直前のものが一いちばん香りが強いので、茎ごと切り取る。

育て方のポイント

植えつけ——種子まきは秋に行う。日当たりと水はけのいい土に直まきするか、育苗箱などにバラまきする。育苗中はよく日に当てて間引きながら育て、大きくなったら株間を50cmぐらいあけるようにするとよい。

水やり——土の表面が乾いたらたっぷりと与える。大きく育つので、鉢植えにする場合は乾燥に注意する。

肥料——植えつけ時に緩効性肥料を混ぜ込んでおく。早春の生長期には追肥を施すと新芽が多く出る。その後は2、3カ月に１回の割合で追肥を施すとよい。

病害虫——ほとんどなし。

毎日のケア——収穫を兼ねて摘心すると脇芽がよくのびる。よく日に当て、風通しをはからないと徒長するため、適宜込み合った枝を切り取ってやるとよい。花後は、地際から10～20cmぐらいのところを刈り込むとよい。

Calendar	1月	2月	3月	4月	5月	6月	7月	8月	9月	10月	11月	12月
出まわり時期												
植えつけ、開花												
収穫期												
殖やす時期												

フレンチ種（左、右写真）とロシアン種があるが、前者の方が香りは強め。クリーム色の花をつけるが、日本の風土では開花しない。後者は耐寒性があり栽培も容易なため、日本では、ロシアン種を使うことが多い。

光沢のある細長い葉をソースやドレッシングに

タラゴン

Tarragon

DATA

- 学名＝Artemisia dracunculus var. sativa
- 科名＝キク科
- 原産地＝中央アジア～シベリア、北アメリカ
- 別名＝フレンチタラゴン、エストラゴン
- 草丈＝約50cm
- 出まわり時期＝4～6月、9～10月
- 使える部分＝葉、茎
- 用途＝料理、サラダ、ティー

古くからパセリやチャービルと並んでフランス料理に頻繁に登場するハーブです。フィーヌゼルブ（16ページ参照）という香味料の材料としても親しまれています。料理では、タルタルソースやドレッシングなどのソース類で使うのが最も知られています。特に乳製品との相性がいいので、フレッシュのまま刻んでクリームチーズやサワークリームに入れたディップをサンドイッチに加えても美味です。ひと枝をオイルやビネガーに浸しておくと、仕上げの香りづけとして重宝します。熱湯で抽出したハーブティーには食欲を増す効果があると言われ、体が疲れている時などに飲むと元気になります。

Varietyuse

❖使える部分 葉 茎

やや甘みがある香りが特徴。いちばん香りがいいのは5月頃。乾燥させると風味が落ちるのでフレッシュがおすすめ。

❖料理に……

フランスでは、エスカルゴの料理に欠かせないハーブとして有名です。フレッシュのまま、あるいはドライの葉を肉や魚と一緒に焼けば、臭み消しとして活躍します。また、マヨネーズやドレッシングに刻んで入れても美味。自家製のものはもちろん、市販のポテトサラダでもドライの葉を少し散らすだけで食欲をそそる風味に（左写真）。バターやチーズなどの乳製品に合うので、多めに作っていろいろな料理に使ってみても。

❖調味料に……

オリーブオイルやビネガーに刻んだ葉を混ぜ、風味を移します。パンにつけても美味（右写真）。

Taking care

適した場所

日当たりと風通しがよく、水はけのいい土を好む。夏の高温にとても弱いので、日陰か半日陰の風通しのいい涼しい場所に置く。冬は戸外で寒さに当てた方が翌年芽が出やすい。

殖やし方

挿し芽、株分けで殖やす。どちらも春か秋が適期。挿し芽は10cmほど切った芽の下葉を落とし土に挿すと2〜3週間ほどで発根する。

収穫：収穫期 5〜10月

ドライにすると風味が落ちるので、利用する時に、随時葉を収穫する。枝ごと切り取る場合は、株元から1/3は残しておかないと株が弱る。

育て方のポイント

植えつけ——フレンチ種は、日本の風土では開花せず結実しないので、苗を購入する。市販の種子は園芸用のロシアン種であることが多い。苗は肥料分の少ない土壌に株間20〜30cmあけて植えつける。

水やり——やや乾燥ぎみの土壌を好む。表土が乾いたらたっぷり与えるようにする。水のやりすぎには注意する。

肥料——元肥は特に必要ない。肥料を与えすぎると香りが落ちてくるので、最後の収穫が終わったら、緩効性肥料を与えておく程度でよい。

病害虫——ほとんどなし。

毎日のケア——多湿に弱いので、過密した茎葉や枯れた枝葉はこまめに切り取り、通気性をよくする。雨が続く場合は軒下で管理する。株が古くなると風味が劣化するので、1〜2年に1度、春か秋に植えかえを行い株を更新するとよい。冬は腐葉土やワラで株元を覆い越冬させる。

Calendar	1月	2月	3月	4月	5月	6月	7月	8月	9月	10月	11月	12月
出まわり時期												
植えつけ、開花							(ロシアン種) 	 (ロシアン種)				
収穫期											(ロシアン種)	
殖やす時期											(室内で行う)	

日本ではウイキョウの名で親しまれているフェンネル。夏に黄色い花をつける。細くて繊細な葉が特徴。大株に育つので（右下写真）、春の元肥は忘れないようにする。

魚料理に欠かせない脇役ハーブ

フェンネル

Fennel

DATA

- 学名＝Foeniculum vulgare var.dulce
- 科名＝セリ科
- 原産地＝ヨーロッパ南部〜アジア西部
- 別名＝ウイキョウ(和名)、スイートフェンネル、フヌイユ
- 草丈＝約100〜200cm
- 出まわり時期＝4〜6月、9〜10月
- 使える部分＝葉、花、種子
- 用途＝料理、サラダ、お菓子

スパイスとして古くから親しまれてきた、セリ科のハーブで、生長すると草丈が2m近くまで大きく育ちます。細くて繊細な葉は、先端が枝分かれするようにのびるのが特徴で、初夏につける黄色い花も見ごたえがあります。主に、魚料理と相性がよく、新鮮な白身魚の腹に葉を詰め、オーブンで焼いた香草焼きなど、素材を生かした料理での香味は絶品で、このほかマリネやスープなどの飾りつけに使います。花はピクルスに利用できるほか、稲のモミに似た種子（フェンネルシード）は、すっとした香りがあり、かんで食べれば消化促進に効果があると言われています。

Varietyuse

❖使える部分 葉 花 種

※妊娠中の利用は控えめに

ある程度株が育ったら、葉は随時収穫ができます。繊細な葉は、葉柄のつけ根から切り取り、葉を適当な大きさにちぎって使います。

❖料理に……

若葉は、サラダや野菜の煮込み料理に使います。スズキなどの魚の腹に葉柄ごと詰め込んでオーブンで焼いた香草焼きは、誰にでも喜ばれるおいしさ。魚の臭みを取り、特有の甘い香りがマイルドなおいしさを引き立ててくれます。種子はくだいてカレーのスパイス、ザワークラウトなどに入れてもよく合います。

❖お菓子に……

主に種子を使います。パンやクッキー、スコーン（左写真）の生地に練り込んで焼いても美味です。仕上がりに種子をそのままトッピングすると風味が一層増します。

❖ビネガーに……

生の葉をビネガーに浸せばハーブビネガー(右写真)に。

Taking care

適した場所

一日中日の当たる、肥沃で水はけのいい土壌を好む。夏は涼しい場所に。冬は、地上部が枯れるが、戸外で越冬できる。

殖やし方

種子まきで殖やす。こぼれ種子からも容易に発芽し、庭中に殖えてしまうほど丈夫。

収穫：収穫期 3〜12月

葉は種子をまいて2カ月頃から収穫できる。下側から順にやわらかい葉を選び、葉柄のつけ根から刈り取るとよい。実は茶色く完熟する直前に株ごと切り取り、吊るして追熟乾燥させる。

育て方のポイント

植えつけ――直根性で根が深くのびるので、庭植えの場合は50cm以上深く耕し、鉢は30cm以上の深いものを選ぶ。種子を庭や鉢に直まきする。苗は大きくなると根づきにくいので小さいものを購入する。庭植えでは密集させないように株間を50㎝ほどあける。

水やり――鉢植えの場合、表土が乾いたらたっぷりと与える。乾燥に弱いので、特に夏場の高温期の水切れに注意する。冬は地上部分は枯れるが、根は生きているので表土が乾いて2、3日したら与える。庭植えの場合は、雨が何日も降らなければ与えるようにする。

肥料――植えつけ時に、緩効性の化成肥料を元肥として与える。冬季を除き、月に１度程度、緩効性の固形肥料を追肥する。

病害虫――アブラムシ、カメムシ、アゲハチョウなどの幼虫がつきやすい。見つけ次第、捕殺する。

毎日のケア――背丈が高くなるので支柱を立てる。葉が密集してくると風通しが悪くなり、蒸れて株が弱るので、込んでいる部分は収穫を兼ねて剪定をする。鉢の場合、根詰まりにより風味も落ちるので3年に１度の割合で植えかえする。

Calendar	1月	2月	3月	4月	5月	6月	7月	8月	9月	10月	11月	12月
出まわり時期												
植えつけ、開花												
収 穫 期												
殖やす時期						(2年目以降)						

ポンポン玉のようなピンク色の花は、そのまま摘んで料理の飾りつけにするほか、花びらをサラダに振りかけてもきれい。花色が白の品種（右写真）も美しい。

ネギのように使える使い勝手のよさが魅力

チャイブ

Chives

DATA

- 学名＝Allium schoenoprasum
- 科名＝ユリ科
- 原産地＝アジア、ヨーロッパ
- 別名＝エゾネギ(和名)
- 草丈＝約30cm
- 出まわり時期＝4～6月、9～10月
- 使える部分＝葉、花
- 用途＝料理、サラダ、ポプリ、ドライフラワー、切り花

見かけがアサツキにそっくりなハーブです。口に含むとややニンニクのような香りがしますが、ネギに比べると味も風味もよりマイルド。ネギの仲間の中でもいちばん葉がほっそりとしているので、数本を添えるだけでふだんの料理がいちだんとセンスアップします。小口切りにしても繊細で、スープの浮き実やオムレツ、サラダの飾りつけにぴったり。和洋問わず、さまざまな料理に合うので、一度使ってみるとその使い勝手のよさはやみつきになるほどです。5月頃に咲く花は、ピリッとした味でエディブルフラワーとして楽しめます。ふんわりとした愛らしい形は、ドライフラワーや切り花にしても素敵です。

Varietyuse

❖使える部分 葉 花

加熱すると味や香りが落ちるので、なるべくフレッシュのまま使うのがおすすめ。小さく刻んで冷凍保存しておくと、仕上げの飾りつけもスピーディにこなせます。

❖料理に……

葉はフレッシュのまま刻んで、スープの浮き実（左写真）、サラダやオードブルのトッピング、オムレツの具に。クリームチーズに練り込んでクラッカーを添えれば、ワインのお供にぴったりです（右写真）。また、肉料理や魚料理には、長さを生かしたアレンジもおしゃれ。大きなプレートを用意して、空間を生かすように飾りつければおいしさも一層際立ちます。花はそのまま飾るか、花びらだけを採ってサラダの彩りなどに使います。

❖ポプリに……

花を摘んで風通しのいい場所で陰干しします。茎は残さず地際から刈り取りを。

Taking care

適した場所

半日陰～日なたになる場所で、排水性と保湿力のいい肥沃な土壌を好む。室内栽培も可能で、明るい窓際に置けば、冬季でも新鮮な葉を収穫することができる。

殖やし方

種子まきか、株分けで殖やす。株分けは、地際から5cmほどで葉を落としたものを手でほぐし、2、3株に分けて新しい用土に植えつける。株が老朽化すると勢いが弱まるので、株分けを兼ねて2年ごとに植えかえするとよい。

収穫：収穫期 4～11月

草丈20cm以上になれば収穫可能。地際から3cmほど残して刈り取って収穫する。全部刈り取っても、秋までに2、3回収穫できる。間引き苗も同じように利用できる。

育て方のポイント

植えつけ――種子は容易に発芽する。春か秋に苗床にまく。適宜間引き、10cmほどのびたら、5、6株まとめて約20cm間隔で定植する。

水やり――表土が乾燥したら与えるようにする。乾燥に弱いので、夏場は水切れに注意する。冬季も根は生きているので、鉢植えの場合は、表土が乾いて2、3日経ったら与えるようにする。

肥料――植えつけ時に、緩効性肥料や腐葉土を元肥として与える。追肥として、液肥を月1、2回程度、あるいは固形肥料を2カ月に1度の割合で置き肥するとよい。窒素分が多すぎると花が咲かず、葉も太くてかたいものになってしまうので注意。

病害虫――乾燥しすぎると、アブラムシやハダニがつきやすい。

毎日のケア――花は2年目以降に咲く。開花すると葉がかたくなってしまうので、葉の収穫を目的とする株の花茎はのびてきたら早めに株元から切り取る。強い日差しに当たると株が弱るので、夏場は適度に遮光するとよい。冬は日当たりのいい戸外で越冬できる。

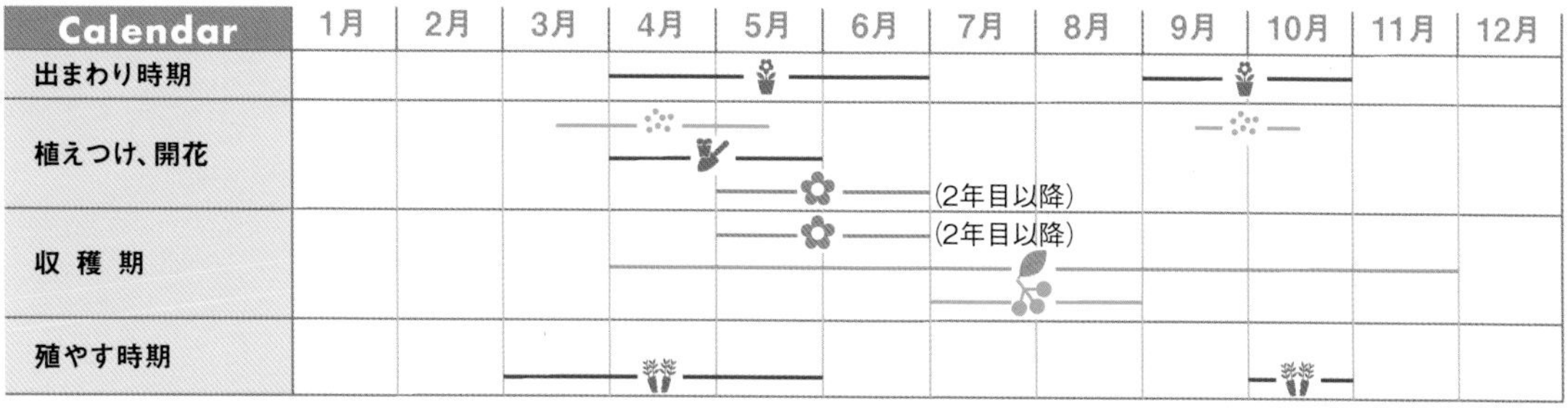

真夏の暑さには耐えられるが、寒さには弱い。性質は比較的丈夫で、草丈が1m以上にもなるので、植える場所は広めのスペースを確保する。花期は7〜9月だが、めったに咲かない。

レモンのようなさわやかな香りで気分爽快

レモングラス

Lemongrass

DATA

- 学名＝Cymbopogon citratus
- 科名＝イネ科
- 原産地＝インド
- 別名＝レモンソウ
- 草丈＝約80〜120cm
- 出まわり時期＝5〜9月
- 使える部分＝葉
- 用途＝料理、お菓子、ティー、入浴剤、ポプリ

インドが原産地のイネ科の植物で、ススキのような細長い葉が特徴です。シトラールという成分を含む葉は、軽く触れるとレモンのようなさわやかな香りがします。東南アジアではとてもポピュラーなハーブで、タイの代表的スープ「トムヤムクン」の風味づけやカレーのスパイスに使われることで有名です。レモン本来の香りに近いので、ハーブティーにしてもとても飲みやすく、消化を助けたり、疲労を回復させたりする効果があるとか。肉や魚の風味づけ、スープ、ソースなどの料理を始め、クッキーやケーキなどのお菓子にも合います。ポプリや入浴剤にしてリフレッシュするのもおすすめです。

Varietyuse

❖使える部分 葉

生の葉か乾燥させてドライにしたものを使います。香りはドライよりも、収穫したてのフレッシュの方が強いです。

❖ティーに……

収穫した葉は5cm程度に切り熱湯を注いで抽出します。

❖ポプリに……

ローズ、ローレルなどと合わせて（右写真）。

❖料理に……

独特の味と香りが人気のトムヤムクン（左写真）は、5cm程度に切ったレモングラスとコブミカンの葉（バイマックルー）、カーと呼ばれるショウガに似たスパイス、鶏がらスープを一緒に火にかけ、煮立ったらふくろだけ（またはしめじ）、エビ、トムヤムクンの素を加え、最後にナンプラー、砂糖、ライムの搾り汁で味を調えます。コリアンダー（パクチー）を刻んで飾りつけると風味が際立ちます。

Taking care

適した場所

日当たりがよく強い風の当たらない肥沃な土壌を好む。インド原産であり、日本の夏の高温多湿は栽培に適している。暑さには強いが、霜と寒さには弱いので、晩秋には鉢上げして屋内のあたたかい場所で管理するのが望ましい。

殖やし方

株分けで簡単に殖やすことができる。霜の心配がなくなる4月以降が適期。葉を刈り込んで掘り上げ、古い葉や根を取り除いた株を、2、3株に分けて植えつける。

収穫：収穫期 5月中旬〜10月

葉が15枚ぐらいになれば収穫可能。葉をハサミで株元から刈り取る。7月以降、高温になってくると葉が勢いよくのびてくるので収穫量も増える。

育て方のポイント

植えつけ――日本での種子の入手は困難なので苗を購入して育てる。家庭での使用なら1株あれば十分。

水やり――乾燥を嫌う。表土が乾いたらたっぷりと与える。水が不足すると、葉の勢いがなくなり細い株になる。夏の高温期の水やりは忘れずに。冬はやや控えめに管理する。

肥料――植えつけ時に堆肥を土に混ぜておく。4〜10月の生長期には肥料不足により葉が黄色くなることがあるので、2週間に1度のペースで液肥を与えるとよい。

病害虫――ほとんどなし。

毎日のケア――鉢植えの場合、鉢いっぱいに根がまわると根詰まりをおこして株が弱る。5月頃、株分けを兼ねて新しい土に植えかえを行うとよい。株が込み合ったり、葉が黄色くなったら、株元から切り取り草姿を美しく保つ。

Calendar	1月	2月	3月	4月	5月	6月	7月	8月	9月	10月	11月	12月
出まわり時期					—	—	—	—	—			
植えつけ、開花					—	—	—	—	—			
収穫期					—	—	—	—	—	—		
殖やす時期				—	—	—						

背丈は高いもので約20cmほど度に生長する。グラウンドカバーにも向くがコンテナでも容易に栽培可能。白い花が咲いた後、小指の先ほどの大きさの愛らしい実をつける。

甘酸っぱい実はお肌の健康にも効果あり

ワイルドストロベリー

Wild Strawberry

DATA

- 学名＝Fragaria vesca
- 科名＝バラ科
- 原産地＝ヨーロッパ、西アジア、北アメリカ
- 別名＝エゾヘビイチゴ、ヨーロッパクサイチゴ(和名)
- 草丈＝約5～20cm
- 出まわり時期＝3～6月、9～11月
- 使える部分＝葉、花、茎、実
- 用途＝料理、お菓子、ティー、パック

ヨーロッパや北アメリカ、西アジアなどに分布するハーブで、日本では北海道で野生化したものが見られることから〝エゾヘビイチゴ〟とも呼ばれます。イチゴよりひと回り小さい実は、生で食べられ、ほおばると甘い芳香が口いっぱいに広がります。ビタミンCやミネラルも豊富なので、美容と健康にもうってつけのハーブです。生のままでフルーツサラダやジュースにするほか、煮込んでジャムにしたり、ケーキやパイなどに入れたりするのもおすすめ。果実をつぶしたパック剤は美白効果があると言われ、夏の紫外線で弱った肌をやさしく鎮める効果があります。

Varietyuse

❖使える部分 葉 花 茎 実

葉には毒素があるのでティーにする場合は十分に乾燥させたものを使用します。実は冷凍保存するか、フレッシュのまま使いましょう。

❖ジャムに……
少し酸味のある実は煮込むとイチゴの甘みと香りが強調されるので、ジャムの素材にぴったり（左写真）。パンやケーキなどに添えるほか、紅茶の砂糖がわりに加えても美味です（右写真）。

❖デザートに……
ケーキやタルトに入れて焼いたり、飾ったりして楽しみます。赤い実に、色とりどりの季節の花を添えればかわいらしさもアップ。

❖ティーに……
葉を利用したティーは、利尿作用や強壮作用があります。葉を必ずよく乾燥させ、熱湯を注いで。カップに注いだ後、実を１粒しずめるとイチゴの香りに。

Taking care

適した場所

日なた〜半日陰で、水はけがよく、やや保水性のある土を好む。高温多湿に弱いので、夏の高温時には、株元に敷きワラなどを施すか、鉢植えでは風通しのいい軒下などに移動する。連作を嫌うので、一年ごとに場所をかえて植えかえする。苗は戸外でも越冬可能。

殖やし方

秋に、よく生長した株のランナーから子株を切り分けて殖やす。種子まきでも簡単に殖やせる。

収穫：収穫期 3〜5月、7〜10月

実が赤くなったら随時収穫できる。ランナーをこまめに切ると、収穫が長期間楽しめる。葉は、なるべく瑞々しい時期に収穫する。

育て方のポイント

植えつけ――種子は春か秋に、育苗箱などにバラまきし、霧吹きなどで十分に水を与えて発芽させる。間引きながら育て、本葉が7、8枚になったら株間を30cmほどあけて定植する。苗は、秋にランナーから子株を切り取ったものか、購入したものを使う。

水やり――乾燥に弱いので、適宜水を与える。鉢植えも同様。土が乾く前に水やりするのがポイント。

肥料――植えつけ時に緩効性肥料を混ぜ込んでおく。窒素肥料のやりすぎは花つき、実つきが悪くなるので注意する。

病害虫――窒素肥料をやりすぎると、灰色かび病の原因になるので注意する。新芽の部分などにアブラムシがつきやすいので、見つけ次第、捕殺する。

毎日のケア――株元から、枝や茎が生長して根を張るランナーがのびてくるので、初秋に翌年のための子株を切り分ける以外は、不必要なランナーは適宜切り取る。夏の高温時には開花しないことがあるので、温度管理に気をつける。

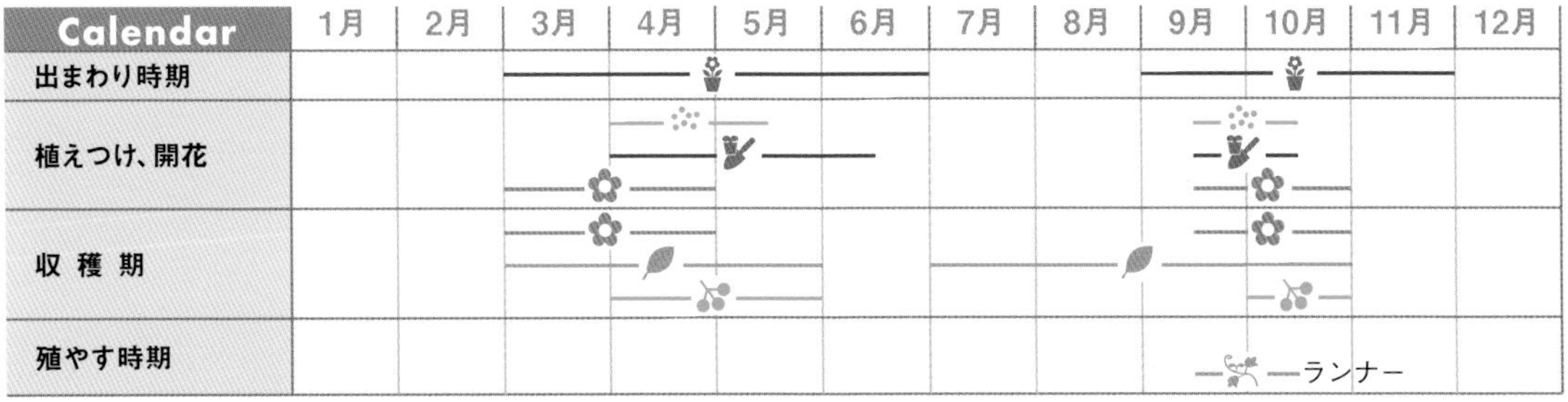

草丈は50～100cm程度。葉、茎、花ともに利用でき、低カロリーなので、ダイエットや糖尿病の人の甘味料としても使われる。夏から秋にかけて、白い小花をつける。

豊かな甘みはダイエット甘味料に最適

ステビア

Stevia

DATA

- 学名＝Stevia rebaudiana
- 科名＝キク科
- 原産地＝パラグアイ
- 別名＝アマハステビア(和名)
- 草丈＝約50～100cm
- 出まわり時期＝4～6月
- 使える部分＝葉、花、茎
- 用途＝お菓子、ティー

ステビアと言えば、最近ではガムやチョコレートなどの低カロリー甘味料としてその名に聞き覚えのある方が多いかもしれません。生の葉をかむと、すっきりとした甘みが口中に広がり、食生活においても砂糖の代用として使えるお役立ちハーブです。使い方はいたって簡単。葉をフレッシュのまま、または乾燥させてティーなどに1、2枚入れるだけで十分な甘みが得られます。軽く煮出したものをシロップとして使うのも便利です。ただし葉に含まれるステビオサイドという成分は、砂糖の約200倍もの甘みを持つので、少量を加減して使うのがベター。ダイエットしたい方にもおすすめです。

Varietyuse

❖使える部分 葉 花 茎

いつでも手軽に使いたい場合は、煮出したシロップを作りおきしておくのがおすすめ。製氷皿に入れて凍らせておけば、シロップを兼ねた氷として使えます。

❖ティーに……

カップに生かドライの葉を1、2枚入れ、熱湯を注ぎます。ほかのハーブティーの甘味料として利用してもよいでしょう（左写真）。

❖料理、デザートに……

シロップを作っておくと便利です。約20枚の葉と水1カップを鍋に入れ、火にかけて3、4分沸騰させ、弱火にして半分くらいになるまで煮詰めます。その後ガーゼでこしてビンに入れ、冷蔵庫で保存すれば1、2週間保存可能。カロリーゼロなので、プリン（右写真）やゼリーの甘みづけに、ティーやドリンクのガムシロップがわりに使っても。花はアイスクリームやケーキの飾りなどに使います。

Taking care

適した場所

日当たりと水はけのいい場所を好む。真夏は風通しがよく涼しい場所を選ぶ。耐寒性がなく、寒さに弱いので、冬季はなるべくあたたかい室内で管理するとよい。

殖やし方

挿し芽、株分けで殖やす。種子からだと風味がよくないものもあるので、苦味がなく甘みの強い苗からの挿し芽がベター。6〜8月頃、つぼみのついていない若芽を10cmほど切り取り、土に挿す。

収穫：収穫期 7〜11月

草丈20cmぐらいになれば収穫できる。葉は1枚からでも摘んで利用できる。株元から全部刈り取っても生長が早く年に2、3回は収穫可能。葉の甘みがいちばん強くなるのは花の終わった晩秋。年1回の収穫であればこの時期に行うとよい。

育て方のポイント

植えつけ——種子から育てると風味にバラつきが出るので、苗を購入して育てるのがおすすめ。株間は20cm以上あける。水はけをよくするため、株元の土は高くしてやるとよい。

水やり——乾燥のしすぎに注意し、表土が乾いたらたっぷりと与える。冬は控えめにし、表土が乾いて2、3日経ったら与えるようにする。

肥料——植えつけ時、緩効性肥料を土に混ぜておく。生育期となる5〜10月には月に1、2度、液肥か化成肥料など固形の置き肥を与える。

病害虫——葉自体が甘いので、アブラムシがつきやすい。見つけ次第、駆除する。

毎日のケア——草丈15cmほどになったら、のびてきた茎を次々摘心してやると、脇芽が殖えて葉がよく茂り、収穫量も増す。植えかえは、庭植えの場合は不要。鉢植えの場合は、底から根が出ているようならひと回り大きな鉢に植えかえるとよい。適期は4月か9月。

Calendar	1月	2月	3月	4月	5月	6月	7月	8月	9月	10月	11月	12月
出まわり時期				—	—	—						
植えつけ、開花				—	—	—	—	—	—			
							—	—	—	—	—	
収穫期							—	—	—	—	—	
							—	—	—	—	—	
殖やす時期			—	—		—	—	—	—	—		

夏に咲く深紅の花は見ごたえがあり、観賞価値も高い。花色はほかに淡いピンク、ビビッドな紫、白などがある。株は生育旺盛なので、弱い植物を近くに植えないようにする。

乾燥させた葉のティーは誰にも好まれる香り

ベルガモット

Bergamot

DATA

- 学名＝Monarda didyma
- 科名＝シソ科
- 原産地＝北アメリカ東部
- 別名＝タイマツバナ、ヤグルマハッカ(和名)、ビーバーム、モナルダ
- 草丈＝約60～150cm
- 出まわり時期＝５～８月
- 使える部分＝葉、花、茎
- 用途＝サラダ、ティー、入浴剤、ポプリ、切り花

北アメリカ原産で、寒さや暑さにとても強いので、初心者でも栽培しやすいハーブです。〝モナルダ〟〝ビーバーム〟〝タイマツバナ〟などの別名があり、濃い緑色の葉は香料などに使用される〝ベルガモットオレンジ〟に似た香りを放ちます。若い花はサラダやドリンクなどの飾りつけに最適。乾燥させた葉のハーブティーは、気持ちを落ち着けたり、眠気を誘う効果があるとされ、アメリカインディアンが好んで飲んでいたものだとか。茎の先端に深紅やサーモンピンクの華麗な花をつけるさまはみごとで、切り花やアレンジの花材に使ってもおもしろみがあります。

Varietyuse

❖使える部分 葉 花 茎　　※妊娠中の利用は控えめに

シトラス系の香りは、気持ちが高ぶった時などにかぐとほっと落ち着きます。花は花びらをひとつひとつはずして彩りなどに使います。

❖ティーに……

アールグレイの紅茶の香りづけとして知られるベルガモットのティー（左写真）。分量は熱湯カップ1に生の葉ひとつまみが目安。紅茶よりもやわらかい、やさしい香りに仕上がります。カフェインレスなので、紅茶が苦手な方もぜひおためしあれ。アイスティーなどに浮かべても。

❖ポプリに……

乾燥させた葉や花のポプリは、単体でもミックスしても芳香が楽しめます。

❖入浴剤に……

生やドライの葉をガーゼやハンカチなどに包み、ひもで縛り、そのまま浴槽に（右写真）。お湯をわかす時は水から入れておくと成分がよく溶け出します。

Taking care

適した場所

日光不足により株が徒長し開花しないこともあるので、日当たりのいい場所を選ぶ。ただし真夏は強い日差しで葉焼けをおこしやすいので日除けを。土は水はけがよくやや湿り気のある肥沃な土壌を好む。冬の寒さには強く戸外での管理もOK。

殖やし方

種子まき、挿し芽、株分けで容易に殖やすことが可能。春先の株分けは初夏に開花しないので秋に行うとよい。地下茎の挿し芽でも殖やすことができ、春先に土に挿すと容易に根づく。

収穫：収穫期 5～8月中旬

秋には地上部が枯れて越冬するので、保存用には6～8月の開花期に、株の根元から刈り取って収穫する。若葉や花だけでも摘むことができる。

育て方のポイント

植えつけ――種子は3～5月頃苗床にまく。本葉が出たら移植する。旺盛に生育するので、土は50cm以上深く耕し、株間は60～70cm以上あける。鉢植えの場合は大きく深いものを準備する。

水やり――表土が乾いたらたっぷりと与える。過湿も乾燥も苦手。夏場の高温乾燥期は特に水切れに注意する。

肥料――多肥を好むので、肥料切れに注意する。植えつけ時に緩効性肥料を土に混ぜておく。追肥は、春の芽吹きの頃は窒素分多めの肥料を、開花前は窒素分を控えめにする。夏は不要で、収穫後にお礼肥を忘れずに与える。

病害虫――高温多湿により、うどんこ病、灰色かび病になりやすい。肥料の与えすぎに気をつけ、込み合った株は刈り取り、風通しをよくするように注意。

毎日のケア――咲き終わった花がらは、花首のところからこまめに摘み取り、結実させないようにし、株を疲労させない。茎葉が密集してくると、蒸れて株が弱り病害虫がつきやすくなるので剪定をして風通しをよくする。3年に1度、秋に株分けを行い、株を更新してやると花つきがよくなる。

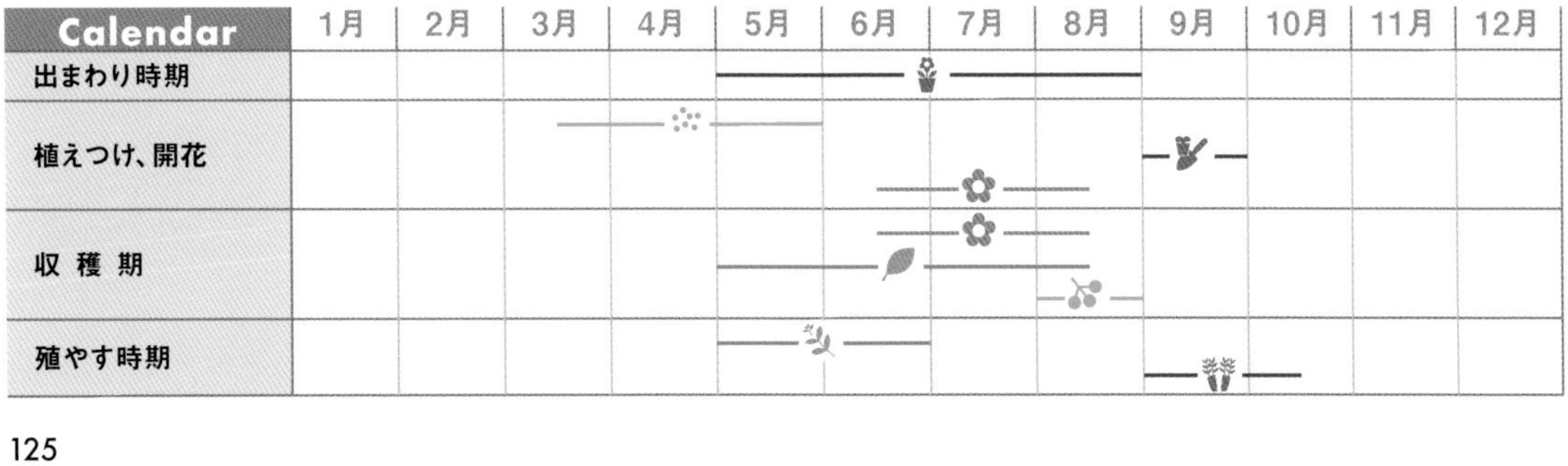

紫の花が上に向かってのびるように咲く。名前は似ていても、見かけはアニスやヒソップどちらにも似ていない。ピンクや白い花をつける品種もある。

鮮やかな花色がポプリの彩りに最適

アニスヒソップ

Anise Hyssop

DATA

- 学名＝Agastache foeniculum
- 科名＝シソ科
- 原産地＝北米、中米
- 別名＝ジャイアントヒソップ
- 草丈＝約60～100cm
- 出まわり時期＝3～5月、9～10月
- 使える部分＝葉、花、茎
- 用途＝料理、サラダ、ティー、ポプリ、ドライフラワー

ミントのような葉を持つシソ科のハーブ。アニスやミントに似たフレッシュでさわやかな芳香があり、春から秋にかけて穂状に赤紫色の花を密につけます。鮮やかなグリーンの葉と大ぶりな花穂はガーデンの彩りにも人気で、花は乾燥させて、ポプリやドライフラワーなどに利用するのに向いています。葉や茎はティーにするのがポピュラーな使い方。スッとした風味がストレスの溜まった心身を癒したり、胃の働きを強めたり、また軽い咳止めにも効果があると言われます。

花は、サラダの上にぱらぱらと振りかけたり、ドリンクに浮かべたりしても素敵です。

Varietyuse

❖使える部分 葉 花 茎

葉と茎、花が食用できます。花は穂をしごくようにしてはずすとよいでしょう。花色や大きさが品種によって異なるので、用途に合わせて使い分けます。

❖ティーに……
ハーブ全体をティーに利用できます。フレッシュでもドライでもOK。さっぱりとした飲み口は、誰にでも好まれる風味。葉のハーブティーは、初期の風邪、咳止めに効果があると言われています（左写真）。

❖料理に……
咲いて間もない花や小さくちぎった葉をそのままサラダの彩りに。葉を刻んでスープの浮き実に利用するほか、こってりとした肉料理に添えてもいいでしょう。

❖ ポプリ、サシェに……
アニスに似た強い香りの花や葉は、乾燥させてポプリにしても香りが豊か。サシェにしてプレゼントにしても素敵です（右写真）。

Taking care

適した場所

日なた～半日陰で、やや湿り気のある土を好む。日当たりを好むが、乾燥しすぎると株が弱ってしまうので、ある程度保水性のある土に植えるとよい。

殖やし方

種子、株分け、挿し芽など。株分けは春と秋に行う。挿し芽は初夏が適期。こぼれ種子でも殖える。

収穫：収穫期 5～10月

葉は春から秋まで収穫可能。摘心を兼ねて、やわらかい葉を収穫する。花は開花直前のものを茎ごと切り取って収穫する。

育て方のポイント

植えつけ――種子は春に、育苗箱などにバラまきし、水を与えて発芽させる。間引きながら育て、本葉が6、7枚になったら株間を40cmほどあけて定植する。苗を購入した場合も同様。

水やり――土の表面が乾いたらたっぷりと与える。夏の乾燥時には、３日に1回ぐらいの割合で水やりするとよい。長期の乾燥に弱いので、水切れに注意する。

肥料――植えつけ時に緩効性肥料を混ぜ込んでおく。長期間開花するので、生育期は特に、養分をきらさないように固形の置き肥などを追肥として施す。

病害虫――梅雨明け後、乾燥する日が続くとハダニの被害にあいやすいので注意する。養分を多く与え、株を元気に育てるとハダニがつきにくい。

毎日のケア――生長期の春に、何回か摘心を繰り返すと脇芽がのびて、葉がこんもりと茂る。ただし摘心しすぎると花つきが悪くなるので注意。開花後はなるべく早めに花穂を摘み取っておくと長期間花を楽しめる。植えっぱなしにする場合は、秋に株元のまわりの土をやわらかくして肥料を施しておくとよい。

Calendar	1月	2月	3月	4月	5月	6月	7月	8月	9月	10月	11月	12月
出まわり時期			―	―	―				―	―		
植えつけ、開花			―									
				―	―							
					―	―	―	―	―	―		
収穫期					―	―	―	―	―	―		
					―	―	―	―	―	―		
										―		
殖やす時期					―							
			―	―					―	―		

木陰など半日陰の湿り気のある場所を好み、地下茎で殖える。左はミョウガの花が咲いたところ。その下が食用部分。花は一日花だが、風味が落ちるので咲く前に収穫するようにする。

食欲をそそる風味がうれしい

ミョウガ

Mioga

DATA

- 学名＝Zingiber mioga
- 科名＝ショウガ科
- 原産地＝日本
- 別名＝――
- 草丈＝約40〜100cm
- 出まわり時期＝4〜5月
- 使える部分＝葉、花（花芽）、茎
- 用途＝料理、入浴剤

夏から初秋にかけて、スーパーなどでよく出まわっているミョウガは、ショウガの仲間で、庭のあいたスペースで簡単に栽培することができます。主に花の咲く直前の花芽を収穫しますが、独特の香りとかすかな辛味が食欲を誘い、そうめんや冷奴などの薬味にぴったり。庭先で収穫したばかりのフレッシュなものは、味や香りもいちだんと美味です。収穫する時期によって、夏ミョウガ、秋ミョウガとして出まわります。血行をよくし、体をあたためる働きがあるので、葉は入浴剤にするとよいでしょう。ミョウガタケと呼ばれる春の新芽は、刺身のツマや焼き魚のつけ合わせなどに使います。

Varietyuse

❖使える部分 葉 花 茎

開花直前の花芽を利用する花ミョウガは夏から秋、春に出る新芽を軟白させて作るミョウガタケは春に食べられます。

❖料理に……

ミョウガは冷奴の薬味や味噌汁の浮き実（左写真）にしたり、軽く焼いて塩でいただくのも美味です（右写真）。また、ショウガのすりおろしとミョウガ、ネギ、適量の味噌を入れた器にお湯を注いでかき混ぜて飲めば体がぽかぽかとし、風邪のひき始めなどにおすすめです。夏にたくさん収穫できた時は甘酢漬けに。軽く湯通しして縦ふたつに切り、塩で軽くもんで水気をふき取り、酢と砂糖を合わせた中に漬け込み、2、3日おいてから食べます。ミョウガタケはそのまま焼き魚の添え物にしたり、小口切りにしてネギと同じように使います。

Taking care

適した場所

日当たりの悪いやや湿った場所を好む。北向きの場所でもよく育つが、まったく日に当たらないところは避ける。

殖やし方

株分けで簡単に殖やすことができる。株分けの適期は6月と11月頃。

収穫：収穫期 5月中旬～11月

7月下旬頃、株元近くから出てくるつぼみが大きくふくらみ始めた頃、地際から刈り取って収穫する。収穫しないでいると一日花が咲いてしまうので、早めの収穫を心がける。地下茎がのびる3年目以降になると収穫量も増える。

育て方のポイント

植えつけ――4、5月に、タネ株（根茎）を購入して植えつける。新芽がついた株を選んで地下茎を切り離し、株間を15cm以上とる。6月に苗を植えつける時は、葉4、5枚の頃が適期。

水やり――乾燥を嫌うので、乾燥しないようにこまめに水やりをすることが大切。冬の水やりは、やや控えめに管理するとよい。

肥料――植えつけ時に堆肥を土に混ぜておく。追肥は梅雨明け前と10月頃、化成肥料を株元に施す。4～9月の生長期には、1カ月に1度ぐらいの割合で液肥を与えるとよい。

病害虫――ほとんどなし。

毎日のケア――植えっぱなしでもよく育つが、3、4年すると地下茎が込み合ってきて収穫量が減るので、株分けするとよい。2年目以降に収穫できるミョウガタケを軟白栽培するには、新芽が出る前にダンボール箱などをかぶせて黒いビニール袋で覆い遮光する。約3週間後、芽が5cmぐらいにのびた頃、短期間日に当てると少し赤みが入る。本葉が7、8枚の頃から収穫可能。

Calendar	1月	2月	3月	4月	5月	6月	7月	8月	9月	10月	11月	12月
出まわり時期												
植えつけ、開花												
収穫期					ミョウガタケ（5月中旬～6月中旬）			夏ミョウガ		秋ミョウガ		
殖やす時期												

草丈は約60～90cmぐらい。右写真はショウガの葉。左写真は根を収穫したところ。大ショウガの「近江」や、小ショウガの「谷中」といった品種はなじみ深い。

世界中で親しまれている重要なスパイス

ショウガ

Ginger

DATA

- 学名＝Zingiber officinale
- 科名＝ショウガ科
- 原産地＝熱帯アジア～インド、マレーシア
- 別名＝ジンジャー
- 草丈＝約60～90cm
- 出まわり時期＝3月中旬～5月
- 使える部分＝茎、根
- 用途＝料理、お菓子、飲み物

薬味やスパイスとして、日本でも最もなじみ深いハーブです。世界中に広く定着していて、中国料理やインドのカレー料理には欠かせない存在。欧米ではジンジャーエールに使われることでもおなじみです。胃腸を整える作用や血行をよくする作用があるとされ、風邪ぎみの時にショウガ湯を飲むと、体全体がぽかぽかとあたたまることでも知られています。葉ショウガは茎、根ショウガは根の部分を食べます。湿り気のあるあたたかいところを好むので、栽培する場合は水をきらさないように注意。保存していたショウガから芽が出てしまったら、鉢に植えつけてみるのも楽しいでしょう。

Varietyuse

❖使える部分 茎 根

根元付近が赤くなってきた頃が葉ショウガの収穫期。葉が枯れて黄色くなるまで根を肥大させると根ショウガになります。

❖料理に……

根は、肉や魚などの臭み消しや下味をつけるのに使うほか、すりおろして薬味にして使います。収穫直後のやわらかく新しいショウガは、甘酢漬けにも最適。茎元のやわらかい部分を食用にする葉ショウガは、味噌をつけて食べると夏の食欲増進に役立ちます。

❖お菓子に……

パンやケーキ、ビスケットの生地に混ぜ込んで使うとぴりりとした風味が食欲をそそります(左写真)。また、ショウガを細かく切って砂糖と一緒に煮詰めたジャム(右写真)は、パンにつけるほか、紅茶に砂糖がわりに入れれば風味豊かな冬のホットドリンクになります。

Taking care

適した場所

高温多湿を好み、乾燥を嫌う。生育適温は25～30℃。日当たりのいい風の当たらない場所、保水力のあるやや湿った肥沃な土壌を好む。連作障害をおこすので、毎年違う場所への植えつけが望ましい。

殖やし方

根茎の株分けによって殖やす。植えつけは、発芽温度が18℃と高めなので、4月中旬～5月中旬が適期。市販されているショウガを植えてもよい。

収穫：収穫期 7～11月

7～9月に葉ショウガ、10～11月には根ショウガが収穫できる。遅く収穫するほど、辛味成分が増す。霜により根茎が傷むので、霜の降りる前に収穫は終わらせる。

育て方のポイント

植えつけ――根茎を数個(約50～70gずつ)に切り分け、深さ5cm、株間15cm程度になるように植えつける。乾燥させないように管理すると、約2週間～1カ月で発芽する。新芽は折れやすいので触らないように注意。

水やり――乾燥を嫌うので土の表面が半乾きになったら与える。植えつけ後は水分が少ないと生育しないため、雨が少ない場合や、特に夏場は土が乾燥しやすいので、水切れに注意する。水分が多すぎても水っぽくなり、腐りやすく貯蔵しにくい。

肥料――植えつける土には、1～2週間前に苦土石灰と堆肥や発酵油粕などを混ぜておくとよい。追肥は、月1回程度、液肥を与える。葉ショウガの収穫後も追肥を忘れずに。窒素分の多い肥料は避ける。

病害虫――連作や、水のやりすぎで根茎が腐り、悪臭を放つ根茎腐敗病になりやすい。連作は避け、必要以上に潅水しないこと。

毎日のケア――発芽後、根茎の発育を促進するために、収穫まで3、4回に分けて、4cmほど、株元に土を寄せるとよい。土寄せすることにより、より大きな根茎の収穫が期待できる。

Calendar	1月	2月	3月	4月	5月	6月	7月	8月	9月	10月	11月	12月
出まわり時期			—	—	—							
植えつけ、開花				—	—			—	—			
収 穫 期							—	—	葉ショウガ	—	根ショウガ	
殖やす時期				—	—							

クロッカス

たった1gのサフランを採取するのに、150個の花が必要と言われる貴重なハーブ。早春に咲くクロッカス（右写真）とは、3本の赤い雌しべがあるかどうかで見分けることができるほか、花は甘い香りがするのも特徴。

ライスの風味づけやスペイン料理などでおなじみ

サフラン

Saffron Crocus

DATA

- 学名＝Crocus sativus
- 科名＝アヤメ科
- 原産地＝小アジア〜地中海沿岸
- 別名＝バンコウカ、ヤクヨウサフラン
- 草丈＝約15〜20cm
- 出まわり時期＝7〜9月（球根）
- 使える部分＝花（雌しべ）
- 用途＝料理、お菓子、ティー、お酒、染色

小アジアから地中海沿岸などを原産地とする、アヤメ科の球根植物です。ほろ苦い独特の風味と食欲をそそる香りで、スペイン料理の「パエリア」や「ブイヤベース」を黄色く着色することでもおなじみ。ひと花に3本しかない雌しべを利用するので収穫量が少なく、高価なスパイスです。香辛料や染料に利用するのがポピュラーですが、黄金色のサフランティーも彩りが美しく、いらいらや不快感などを解消する効能があります。収穫した雌しべの柱頭は、花が満開の頃を見計らって摘み取り、乾燥させて使います。ほんの少量で鮮やかな色と香りが出るので、収穫量が少なくても十分楽しめます。

Varietyuse

❖使える部分 花

※妊娠中の利用は控えめに

サフラン自体が持つ独特の芳香を生かすため、ターメリックやチリペッパーなど香りの強いスパイスとは一緒に使わないようにするとよいでしょう。

❖ティーに……
ドライの雌しべ3本をカップに入れ熱湯を注ぎます。

❖料理に……
料理に使う場合は、乾燥させた少量のサフランを水かお湯に最低20分以上浸してから使います。浸すほどに香り、色、風味が増します。サフランライスは、洗った米にサフランを浸した液を加え、分量の水で普通に炊き上げます（左写真）。

❖お菓子に……
浸出液をパンやクッキー、ケーキの風味づけに使用。

❖ドリンクに……
フルーツリキュール500mlに乾燥させた雌しべを10〜20本入れ、1カ月ほど寝かせれば、香りのいいおしゃれな食前酒に（右写真）。

Taking care

適した場所

日当たりがよく、水はけのいい肥沃な土壌を好む。雌しべを収穫するには、開花時に雨に当てないようにする。

殖やし方

球根で殖やす。庭植えの場合は3〜4年はそのままでも分球して殖える。球根は開花後の芽茎の数だけできる。太い芽を1、2本だけ残しほかはつけ根から抜き取った方が大きな球根ができ、翌年大きな花をつける。

収穫：収穫期 10月〜12月中旬

植えつけ後、2週間ほどで開花する。ひとつの花から3本出ている赤い雌しべを採る。開花した日にピンセットなどでそっと摘み取り、ザルなどにのせて風通しのいい場所で乾燥させる。

育て方のポイント

植えつけ――8月中旬から10月頃に、水はけのいい土に植える。5〜15cmの間隔をあけ、深さは5、6cmほど埋めるようにする。水耕栽培でも栽培できる。雌しべの収穫を目的とする場合は、トレイに球根をびっしりと並べ水を与えないでおくと開花する。開花当日に収穫。

水やり――やや乾燥した土を好むので、表土が乾いたらたっぷりと与える。乾燥ぎみに管理するのが好ましいが、乾燥のさせすぎにも注意する。

肥料――開花後の葉がのびてきた時期に、液肥と固形の配合肥料を交互に与えて球根を太らせるようにする。窒素肥料が多いと、球根が腐りやすいので注意する。

病害虫――ほとんどなし。

毎日のケア――土に植えずに育てた場合(水耕栽培など)は、開花後には土に戻し、球根を発育させるようにすると、翌年また花を楽しむことができる。

Calendar	1月	2月	3月	4月	5月	6月	7月	8月	9月	10月	11月	12月
出まわり時期							━	━	━			
植えつけ、開花								━	━	━		
										━	━	━
収穫期										━	━	━ 雌しべ
					━ 球根掘上げ							
殖やす時期					━ 分球							

草丈は30〜90cmぐらいまで育つ。うつむき加減の薄紫色の花は、春と夏に咲く。冬はいったん地上部が枯れてしまうが、春になると元気のいい若芽を出す。右上は葉に斑が入る品種。

大ぶりな葉を収穫できる生育旺盛なハーブ

コンフリー

Common Comfrey

DATA

- 学名＝Symphytum officinale
- 科名＝ムラサキ科
- 原産地＝ヨーロッパ、小アジア、シベリア西部
- 別名＝ヒレハリソウ(和名)
- 草丈＝約30〜90cm
- 出まわり時期＝4〜6月、9〜11月
- 使える部分＝葉
- 用途＝染色

ヨーロッパなどが原産のムラサキ科の植物で、うつむいて咲く姿が美しく、淡い花色が庭にやさしい彩りを添えます。白花や斑入り種、矮性種などもあり、観賞用として花壇でもコンテナ栽培でも楽しめるのが魅力。庭に一度植えると放置していても大きく生長し、夏にはたくさんの葉を収穫できます。活用法は、主に葉を利用した染料として。ハーブ独自のやさしい色に染め上げます。

肝障害が報告されている(厚生労働省調べ)ので、食用にするのはやめましょう。

また、葉は分解が早いので、大量に収穫した葉をコンポスト(堆肥)やマルチングの材料にするのもおすすめです。

Varietyuse

❖使える部分 葉

収穫量が多く、丈夫なハーブです。食用には向かないので、染色などに利用するとよいでしょう。愛らしい花はテーブルフラワーにしても素敵。

❖染色に……

フレッシュの葉を煮出した液でハーブ染めが楽しめます。薄黄緑の素朴でやさしい色はハーブならでは（右写真）。まず生葉を細かく刻み、浸る程度の水で煮出します。そこに水を加えて液を布でこし、ぬるくなったら毛糸や布などを入れ、かき混ぜながら数十分煮沸。火から下ろし、温度が下がったら、毛糸や布をぬるま湯で洗って軽く脱水します。色を定着させるため、鉄や硫酸銅などを熱湯で溶かした中に水を入れ、脱水した毛糸や布などを入れて沸騰させ、かき混ぜます。最後にぬるま湯でゆすぎ、軽く脱水したら陰干しをして乾かします。

Taking care

適した場所

日当たりのいい場所でもよく育つが、半日陰の場所の方が向く。湿り気のある肥沃な土を好む。

殖やし方

種子まき、株分けで殖やす。種子まきは3〜4月頃が適期。こぼれ種子でも育つ。4月初旬頃、地面の中に埋まっている根を10cmぐらいに切り分け、それを植えたい場所に横に植え、土をかぶせておく方法もある。

収穫：収穫期 3〜11月

生育期間中はいつでも収穫が可能。たくさん収穫できるのは夏。根元から刈るようにするとよい。

育て方のポイント

植えつけ——苗の植えつけは春か秋に行う。生育が旺盛でよく広がるので、庭植えの場合は広めのスペースを確保する。鉢植えの場合は大きめの容器を選ぶ。

水やり——鉢植えは表土が乾いたらたっぷり与えるようにする。庭植えの場合は植えつけ後と、真夏で乾燥した時期以外は与えなくてよい。

肥料——植えつけ時に元肥として緩効性肥料をすき込んでおく。夏の終わりに追肥しておくとその後の生長がよくなる。

病害虫——ほとんどなし。

毎日のケア——とても丈夫な性質なので一度植えると、植えっぱなしにしておいてもよく育つ。横に広がってのびていくので、殖やしたくない場合は根から抜いて処分するようにする。茂りすぎた場合は適宜剪定をして量を調節するとよい。

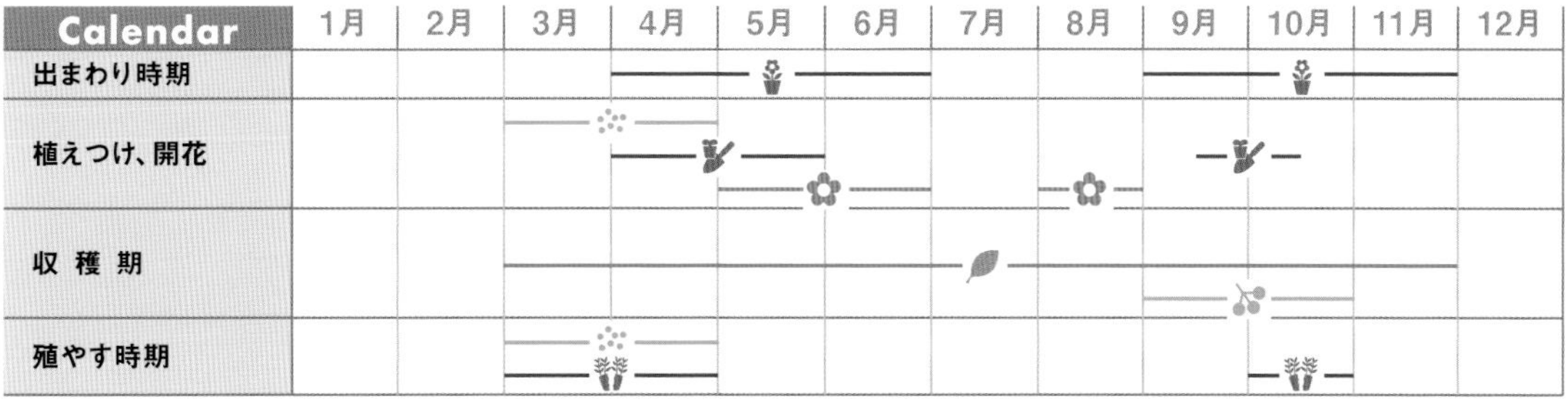

オレガノの仲間でマヨラナ類に属し、イタリアンオレガノなど名前に「オレガノ」がつく品種もある。香りはやや繊細。どんな料理とも相性がいい用途の広いハーブ。右写真はスイートマジョラム。丸いつぼみから次々と花を出す。

お肉を使った料理には相性抜群

マジョラム

Marjoram

地中海沿岸を原産地とするシソ科のハーブで、〝スイートマジョラム〟とも呼ばれています。かすかに甘みのあるデリケートな芳香は、特に肉料理と相性がよく「肉のハーブ」として好んで用いられます。

花も葉も肉料理のソースに使うほか、ソーセージや豚肉、ラム肉などのロースト、パテなどにもよく合います。茎ごと肉や魚に添えてオーブンで焼いてもほどよい香りが楽しめます。ドライにしたものは、オレガノよりも少々苦味があるのが特徴で、エルヴ・ド・プロヴァンスと呼ばれる南フランスのミックススパイスの材料として、料理の仕上げなど風味づけに用います。

DATA

- 学名＝Origanum majorana
- 科名＝シソ科
- 原産地＝地中海東部沿岸
- 別名＝ハナハッカ(和名)、マヨラナ、スイートマジョラム
- 草丈＝約20～50cm
- 出まわり時期＝3～6月
- 使える部分＝葉、花、茎
- 用途＝料理、ポプリ

Varietyuse

❖使える部分 葉 花 茎

※妊娠中の利用は控えめに

フレッシュでもドライでも風味が変わらず楽しめます。あまりくせのないハーブなので、料理に積極的に利用してみましょう。

❖料理に……

肉の臭み消しに利用できるほか、魚料理、スープにもよく合います。使い方は収穫した葉を茎ごと加えて焼いたり、煮込んだりします。南フランスのミックススパイス「エルヴ・ド・プロヴァンス」はマジョラムやオレガノ、タイム、ローズマリーなど数種類のドライハーブをミックスして作ります。岩塩に混ぜたハーブソルト（右写真）も簡単に作れておすすめです。

❖ポプリに……

マジョラム、レモンバーム、ミント、タイム、カモミール、ラベンダーのドライをミックスしたもの（左写真）。さわやかな芳香が心地よいポプリです。

Taking care

適した場所

日当たりのいい、やや乾燥した場所を好む。多湿を嫌うので、できるだけ風通しのいい場所を選ぶ。霜に当たると枯れてしまうので、関東以北では室内で越冬させる。

殖やし方

種子まき、挿し芽、株分けで殖やす。自家採取の種子で殖やすと香りが劣化してくるので、よい香りの株を選び、10cmほどの若い芽を挿し芽にしてやるとよい。

収穫：収穫期 5～9月

開花直前の葉が香りがよいので、大株になったら株元から5cmほど残して刈り取って収穫する。小さい株では、葉だけをしごくように採り、茎は残してやるとよい。

育て方のポイント

植えつけ――種子は春か秋に苗床にまき、土を1cmほどかけ水をきらさないように管理し、苗が10cmほどのびたら株間を20～30cmあけて定植する。

水やり――過湿に弱いので、表土が乾いたら与えるようにする。乾かないうちに与えると、下葉が枯れ、根腐れをおこすので注意。鉢受けにも水を溜めないようにする。

肥料――植えつけ時、緩効性肥料を元肥として与える。肥料のやりすぎは、葉の香りと風味を損なうので、収穫後に、窒素分の少ない肥料を少量与える程度で追肥の必要はない。

病害虫――夏季に風通しが悪く多湿になると、株が蒸れて、灰色かび病がでる。

毎日のケア――苗の頃に摘心してやると、脇芽がのびて株が充実する。高温多湿に弱いので、梅雨時は特に枝葉の過密している部分は収穫を兼ねて刈り取り、風通しをよくする。茎が木質化してくるので2、3年に1度、株分けをして株を更新してやるとよい。

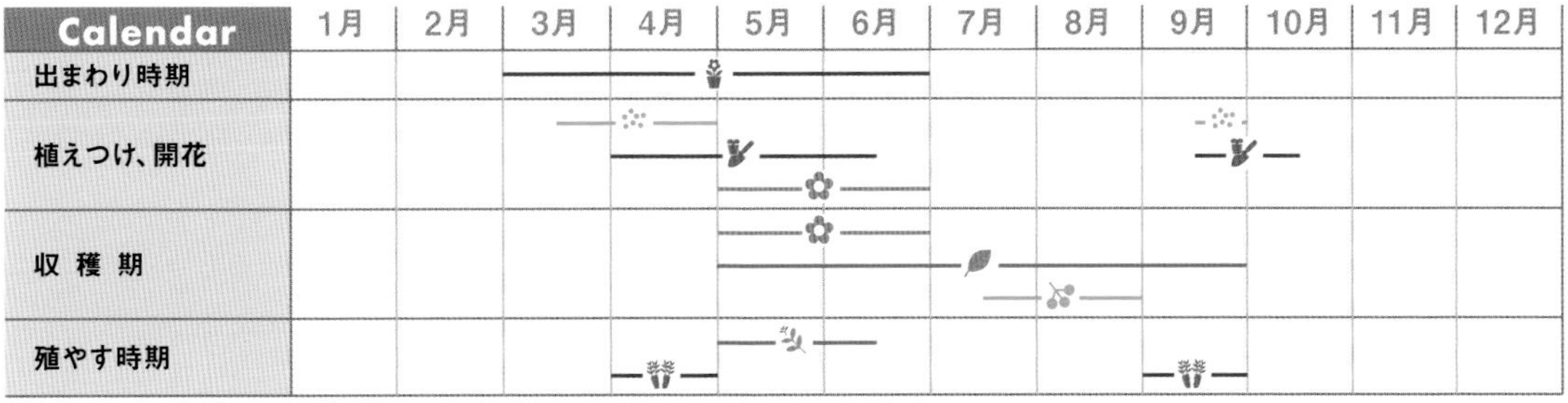

ダイナミックな葉と、赤や緑の茎は花壇のなかでもひと際目立つ存在。花もみごとだが、食用できるのは茎のみ。庭植えにする場合は、十分な広さを確保したい。

酸味を帯びた味がジャムやお菓子にぴったり

ルバーブ

Rhubarb

DATA

- 学名＝Rheum rhabarbarum
- 科名＝タデ科
- 原産地＝シベリア南部
- 別名＝マルバダイオウ
- 草丈＝約80～200cm
- 出まわり時期＝４～６月
- 使える部分＝茎
- 用途＝料理、お菓子、ジュース

シベリア南部原産で、草丈が人の背丈ほどにのびる大型サイズのハーブです。葉は、葉脈がはっきりとした濃緑色で、茎の色は品種によってさまざま。ガーデンにも映える草姿と、繊維質やカルシウムなどを豊富に含む健康ハーブとして、注目されています。葉は、シュウ酸という成分を多く含むため食用には適しませんが、茎はジャムやパイ、タルトなどに利用します。太い茎は一見ごわごわとした印象ですが、細かく刻んで加熱するとすぐにやわらかくなります。ほどよい酸味があり、ヨーロッパではヨーグルト製品などのフレーバーとして、一般的にもよく知られています。

Varietyuse

❖使える部分 茎

※妊娠中の利用は控えめに

シュウ酸を含む葉は、食用には適しません。ヨーロッパでは銅や真ちゅうなどを磨く研磨剤として利用していたとか。堆肥の材料としてもおすすめです。

❖ジャムに……

定番の使い方はジャム（左、右写真）。甘酸っぱい香りは、ヨーグルトに加えるほかタルトやパイの材料にぴったりです。作り方は葉を取り除いて茎の皮をむかずに切り、ルバーブの半分程度の量の砂糖と少量の水を加えてアクを取りながら煮込みます。水気がとんだらレモンの絞り汁を加えてできあがり。茎は多くの水分を含んでいるので水は入れないか、量を控えめにするのがポイントです。

❖ジュースに……

砂糖を加えて煮込んだルバーブに、水やソーダ水を入れてジュースに。繊維質やカルシウムが多いアルカリ性飲料になります。

Taking care

適した場所

日なた～半日陰の涼しい場所で、水はけのいい肥沃な土壌を好む。大きく生長するので、株間が1m以上とれる場所がよい。

殖やし方

種子まきと株分けで殖やす。発芽温度は20～22℃と高めなので種子まきは4～5月に行う。株分けは4月が適期。株全体を掘り上げ、太い根をなるべく残すように株分けする。

収穫：収穫期 4～9月中旬

1、2年目は葉数がまだ少ないので収穫は避け、株の生育に力点をおく。収穫は2年目以降（できれば3年目以降）にし、50cm以上のびた葉柄（茎）を株元から切り取って収穫する。

育て方のポイント

植えつけ——種子は鉢やポットに点まきし、水をきらさず管理する。発芽率はよく、約1～2週間で発芽する。本葉が3、4枚になったら株間を十分にあけ定植する。水はけをよくするために株元の土を高めにしておくとよい。

水やり——水のやりすぎや水はけが悪いと根腐れをおこす。乾燥させすぎても、株が大きくなれない。表土が乾いたらたっぷりと与えるようにする。

肥料——植えつけ時に緩効性肥料を元肥として与える。春の萌芽時と、収穫後に追肥を行う。2年目以降の株への肥料はほとんど不要。

病害虫——病害虫には強い。

毎日のケア——高温と強い日差しに弱いので、盛夏は日除けをする。1年目の花茎はのびてきたら早めに摘み取り開花させないようにし、株の充実をはかる。枯れた下葉はこまめに摘み取る。

Calendar	1月	2月	3月	4月	5月	6月	7月	8月	9月	10月	11月	12月
出まわり時期												
植えつけ、開花												
収穫期										（2年目以降）		
殖やす時期												

19

初夏から真夏にかけて、球状の花をつけるさまはとてもかわいらしい。秋の野草として知られるワレモコウはこのハーブの近縁種。

若葉をそのままサラダとして食べられる

サラダバーネット

Salad Burnet

DATA

- 学名＝Sanguisorba minor
- 科名＝バラ科
- 原産地＝ヨーロッパ〜温帯アジア
- 別名＝オランダワレモコウ（和名）
- 草丈＝約30〜60cm
- 出まわり時期＝4〜6月、9〜10月
- 使える部分＝葉、花
- 用途＝料理、サラダ、ドライフラワー、切り花

瑞々しいグリーンがフレッシュな印象を与えるハーブで、中心から外側に向かって、放射状に葉を広げるのが特徴です。ギザギザした葉は生のままサラダにして食べることができます。味はキュウリに似た、少し青臭くさっぱりした口あたりで、ビタミンCを多く含み消化を助ける効果があると言われます。春から夏にかけて咲く花は、先端に丸い花芽をつける愛らしい姿が人気で、フラワーアレンジメントやドライフラワーなどにも使われています。何本か取り入れればひと味違ったディスプレイが楽しめます。とても育てやすいので、初心者でも気軽に栽培できるのが魅力です。

Varietyuse

❖使える部分 葉 花

茎ごと収穫して葉を使います。ビタミンCを豊富に含むので、フレッシュのままいただくとよいでしょう。開花すると葉は硬くなります。

❖料理に……

生の若葉は、そのままサラダにして使うのがオーソドックスな利用法。レタスなどのグリーンリーフと一緒に混ぜて使うと食べやすくなります。そのほか刻んでスープや魚料理の飾りつけに、チーズやバターなどの乳製品にもよく合います。クリームチーズに葉を練り込んでクラッカーにのせて出せば、軽いおつまみとして喜ばれます（左、右写真）。

❖クラフトに……

夏に咲く球状の花は、乾燥させても色合いが変わりにくいので、ドライフラワーやリースにおすすめ。ぎざぎざした葉は、押し葉にしてキャンドルやソープなどの飾りに利用できます。

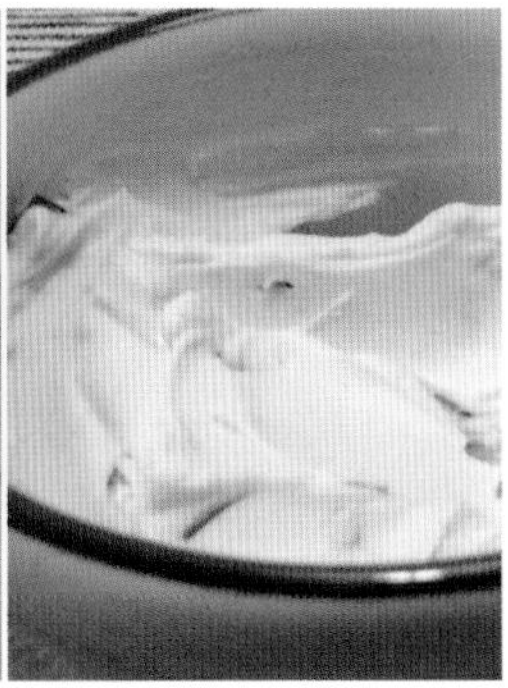

Taking care

適した場所

日当たりと風通しがよく、水はけのいい土壌を好む。夏場の強光は葉焼けをおこすので、日除けをする。梅雨時、鉢植えの場合は軒下などに移動させ、雨に当てないようにするとよい。寒さに強いので、戸外でも越冬可能。

殖やし方

種子まき、株分けで殖やす。こぼれ種子からも発芽するので、見つけたら移植する。株分けは、春か秋に、株の根元をナイフか手でちぎるようにして小さく分ける。

収穫：収穫期 5〜10月

ある程度生長し、枝茎が20本以上のびたら収穫できる。やわらかいものを選び、外側の方から順に、株のつけ根から茎ごと切り取って収穫する。

育て方のポイント

植えつけ——春か秋、ポットに種子をまく。種子は比較的大きく扱いやすい。土を乾かさないように管理すると、半月ほどで発芽する。適宜間引き、本葉が4、5枚になったら株間を30cm以上あけて定植する。

水やり——多湿を嫌い、やや乾燥した環境を好む。極端な乾燥も嫌う。鉢植えの場合、表土が乾いたら与える。庭植えの場合は不要。

肥料——植えつけ時に緩効性肥料を土に混ぜておく。追肥は、月1回程度の固形の置き肥か、月1、2回液肥を与える。

病害虫——乾燥が続くとハダニが、梅雨時の蒸れにより、うどんこ病が発生することがある。

毎日のケア——枝葉が込み合うと、蒸れて下葉から枯れるので、密集した部分は適宜刈り取り通気をはかる。古い枝葉はこまめに取り除く。開花すると葉がかたくなるので、花茎を早めに地際から刈り取る。株が老化してくると生育が衰えてくるので、株分けを兼ねて植えかえを行い、株の更新をはかる。

Calendar	1月	2月	3月	4月	5月	6月	7月	8月	9月	10月	11月	12月
出まわり時期												
植えつけ、開花												
収 穫 期												
殖やす時期												

草丈はだいたい30〜60cmぐらい。花茎が長くのび白く小さな花がつく姿は、まるで霞がかかったようにも見える。茎ごと切り取って、切り花としても楽しめる。

こぼれ種子で殖える育てやすいハーブ

カラミント

Common Calamint

DATA

- 学名＝*Calamintha nepeta subsp.glandulosa*
- 科名＝シソ科
- 原産地＝南ヨーロッパ
- 別名＝マウンテンバーム
- 草丈＝約30〜60cm
- 出まわり時期＝5〜6月、9〜10月
- 使える部分＝葉、花、茎
- 用途＝料理、お菓子、ティー

南ヨーロッパ原産のシソ科のハーブで、葉にはハッカのようなスッとした芳香があるのが特徴です。ミントの近縁種で、こぼれ種子でもどんどん殖えます。放っておいても丈夫に育つので、初心者にもおすすめ。初夏に美しい可憐な花をつけるのでガーデンやコンテナなど庭の彩りとしても人気があります。使い方はミントとほぼ同じ。葉に熱湯を注いだハーブティーは、〝スペアミント〟に似た香りがあり、胃腸の働きを整えるほか、風邪のひき始めなどに飲むと、すっきりした気分になります。セージのようなすっきりとした香りを持つ花は、夏の冷たい飲み物に添えたい風味です。

Varietyuse

❖使える部分 葉 花 茎

※妊娠中の利用は控えめに

葉や花は、ミントのような使い方ができ、くせが強くないので、用途も多様。小さな花は長期間咲き続けるので観賞用としても楽しめます。

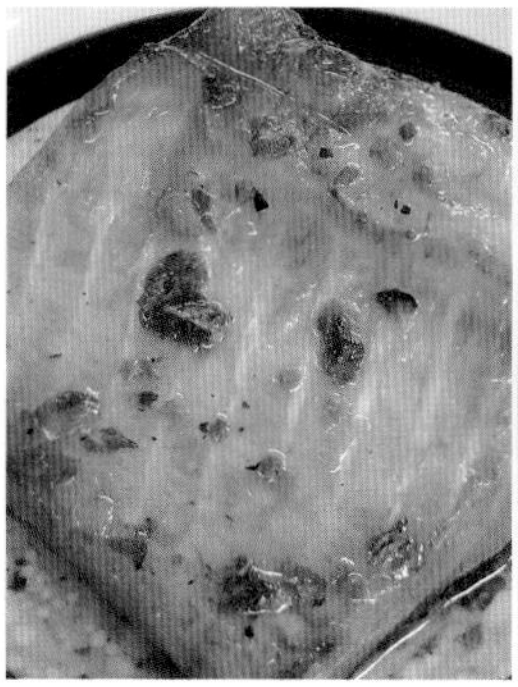

❖料理に……

ソテーした魚料理にフレッシュの葉を少量刻んで加えてもよいでしょう（左写真）。和風ドレッシングに加えてソースがわりにして使う方法も手軽でおすすめ。チキンのソテーやラム肉などにもよく合いますが、少量を加減して使うのがポイントです。

❖デザートに……

ケーキやアイスクリームに飾りつけるほか、フルーツのシロップ漬けに添えても（右写真）。冷たいドリンクやカクテルに浮かべてもきれい。

❖ティーに……

発汗を促し、のどのいがらっぽさをすっきりさせてくれる効果があるので、風邪の初期などに。

Taking care

適した場所

日なた～半日陰で、やや乾燥ぎみの土を好む。高温多湿を嫌うので、夏場は涼しいところで管理するとよい。日当たりのいい場所で育てると、コンパクトに育ち花数も多くなる。冬は地上部が枯れるが、戸外でも越冬できる。

殖やし方

種子、株分け、挿し芽など。株分けは春か秋に行う。挿し芽は初夏が適期。こぼれ種子でも殖える。

収穫：収穫期 5～11月

葉は春から秋まで収穫可能。摘心を兼ねて収穫する。花は開花直前のものを茎ごと切り取って収穫する。

育て方のポイント

植えつけ――種子まきは春か秋に行う。庭や鉢などに直まきするか、育苗箱などにバラまきする。間引きながら育て、大きくなったら株間を30cm以上あけるようにするとよい。

水やり――土の表面が乾いたらたっぷりと与える。乾燥ぎみの土を好むので、梅雨には水やりは不要。

肥料――植えつけ時に緩効性肥料を混ぜ込んでおく。初夏の生長期には追肥を施すと新芽が多く出る。

病害虫――株が弱っていたり、風通しが悪いとアブラムシやハダニ、灰色かび病が発生することがある。

毎日のケア――収穫を兼ねて摘心すると脇芽がよくのびる。じめじめしていると根腐れの原因にもなるので、風通しがよくなるように、適宜込み合った枝を切り取ってやるとよい。花後は、地際から10～20cmぐらいのところを刈り込む。

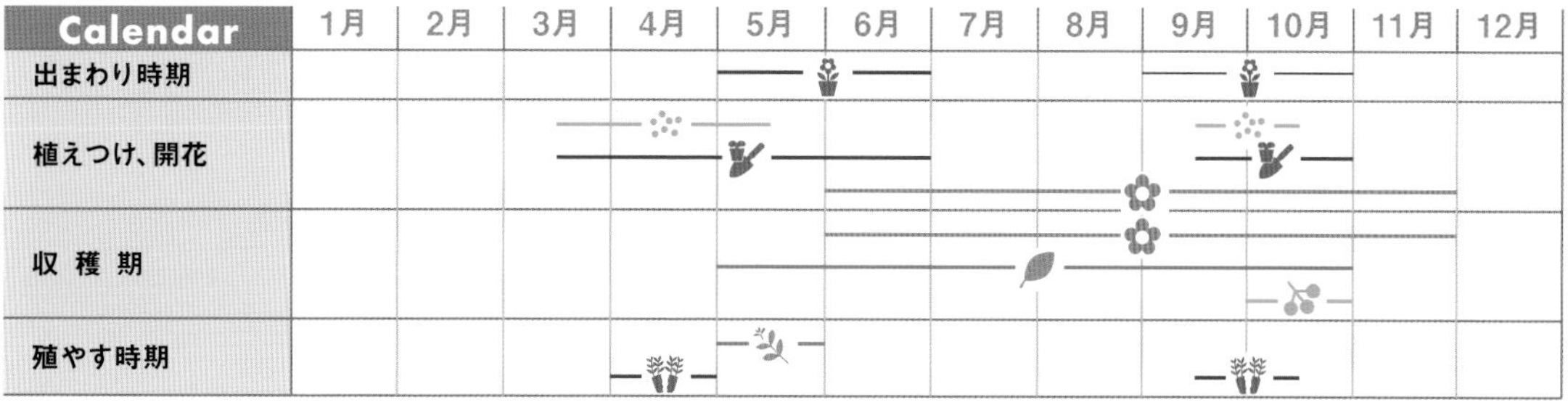

育てた後のひと工夫・収穫と保存

ハーブがうまく育ったら、次は収穫。摘み取りのコツや保存方法を覚えれば、ハーブをより長く楽しむことができます。自然の恵みを生活の中に溶け込ませて利用しましょう。

収穫

ハーブは毎日が収穫期 摘み取る位置がポイント

ハーブの種類によって、利用する部分は一カ所とは限らず、花、葉、根、もしくは株全体を使う場合などさまざま。どこを使うかは、植物の特徴や利用方法によります。料理やティーに葉を摘んでフレッシュハーブを利用する場合や、花や葉をドライにしてクラフトで楽しんだり保存したり。翌年の収穫のために、種子を採取することも。

少量の葉や花を料理で使う場合など、育てながら収穫できるものもあります。育てる楽しみと、使う楽しみ。収穫と保存のコツをおさえて、ハーブの生命力あふれる自然の力を余すところなく享受しましょう。

花を収穫

香りを楽しむ花は、雨の翌日のよく晴れた朝に摘み取るのがいちばんよいと言われます。食用には開花直後の新鮮なものを利用。花弁だけを摘む場合と茎ごと収穫する方法があり、花のつき方によって変わります。

「ポプリやティーなど花弁を利用するハーブ」

カモミールやボリジは花首から手でつまんで収穫。ナスタチウムのように花茎が長い品種は茎元から摘み取り、花茎をハサミでカットして使います。チコリのように花弁がやわらかいものはハサミを使い、なるべく花弁に触れないよう丁寧に扱いましょう。

「茎ごと収穫してドライフラワーに」

ダイヤーズカモミールやベルガモットなど花を吊るしてドライフラワーで楽しむ場合や乾燥保存する場合、またヤロウなど細かい花をつけるハーブは、茎ごと刈り取ります。初夏に咲くラベンダーやカラミントはある程度枝葉を残して、風通しを意識した剪定を兼ねるとよいでしょう。

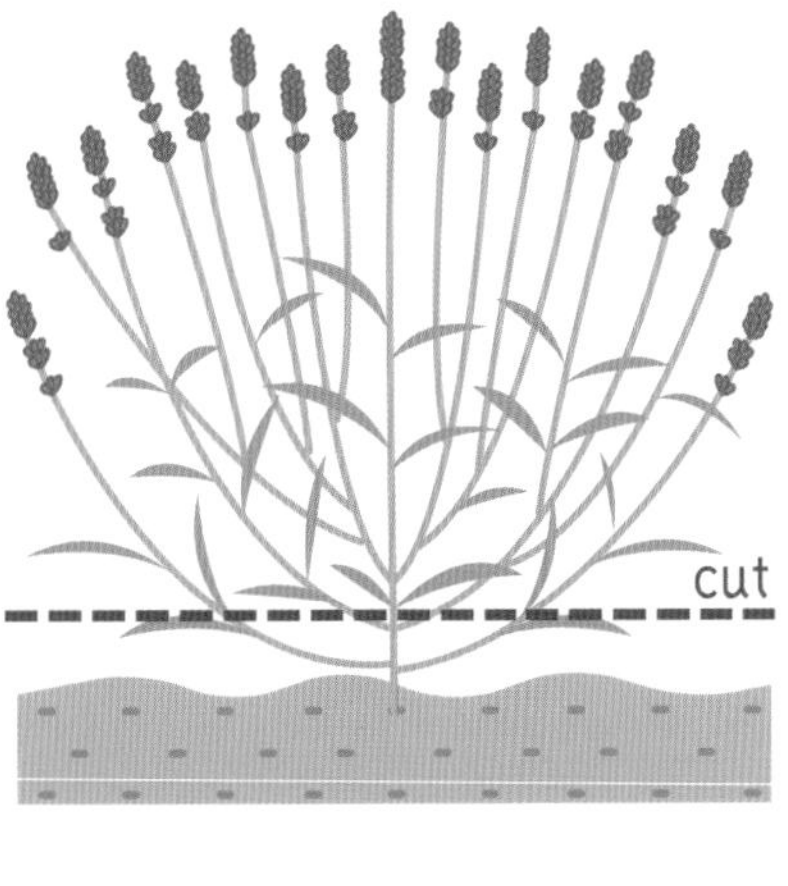

茎葉を収穫

茎葉は葉の生え方によって収穫方法が分かれます。摘み取りのポイントを押さえることで、新鮮なハーブをより長く楽しめます。

「摘心を兼ねた収穫で育てながら楽しむ」

タイムやミント、ローズマリーは、摘心（脇芽を殖やして株を形よく育て草丈がのびすぎないようにする作業）を、収穫を兼ねて行います。ひと枝に葉を数枚残し、必ず節のすぐ上でカットします。使う分だけ適度に収穫すれば、新鮮な葉が次々と芽を出します。オレガノ、コリアンダー、シソ、バジル、レモンバームも同様です。

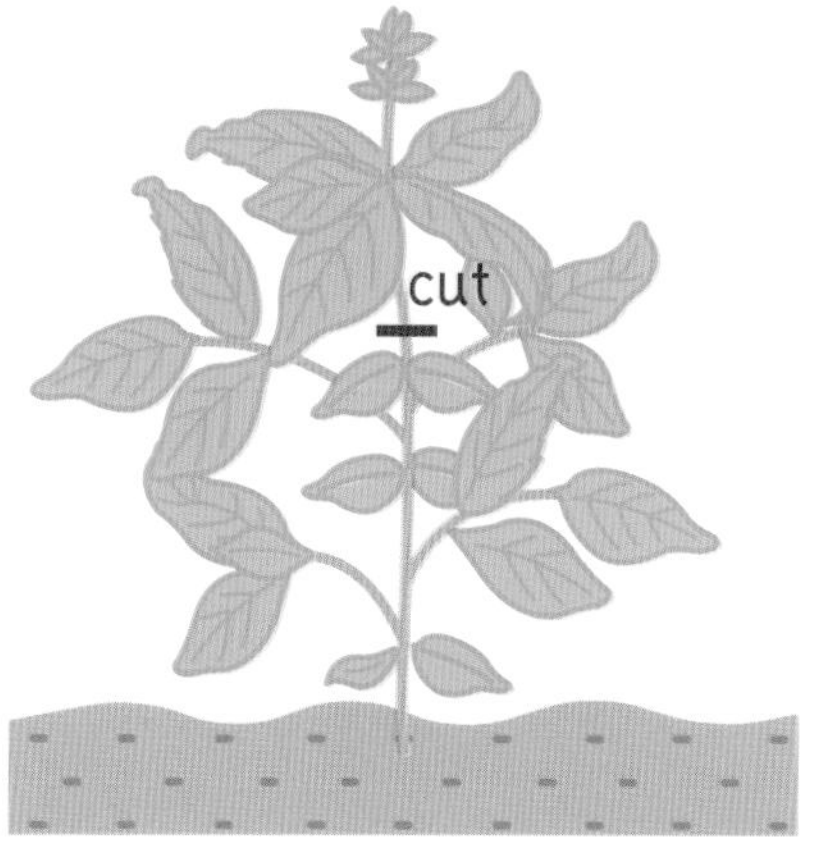

「品種によっては株元から収穫」

株元からまっすぐ葉がのびるレモングラスのような品種や、株元から広がって枝分かれするチャイブは、地際から刈り取りを。生長期に使う分だけ摘み取れば、再び新しい芽がでます。イタリアンパセリ、コリアンダー、コンフリー、サラダバーネット、チャービル、ディル、ルバーブ、ロケットサラダなども同じように刈り取ります。

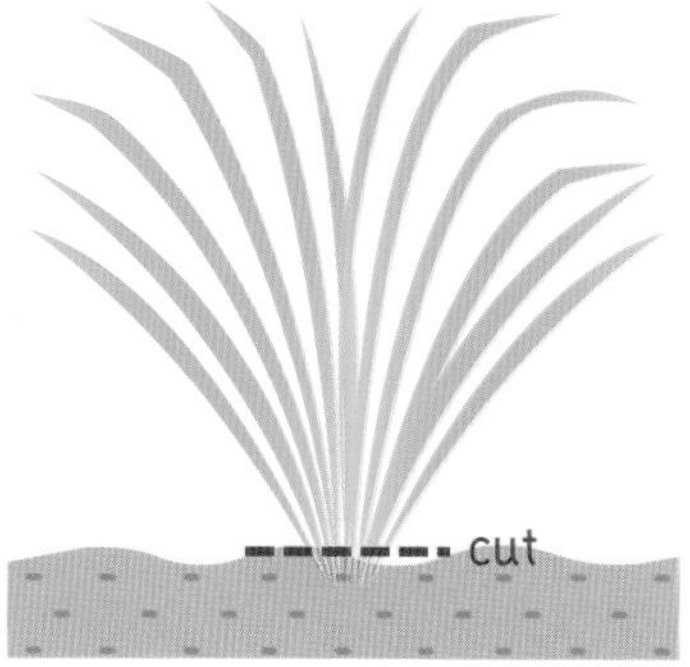

種子を収穫

種子を収穫する場合は、花期の終わり頃からいい花だけを残し、花がら摘みをせず種子を実らせます。収穫の方法は主に次のふたつ。種子の大きさによって分けましたが、収穫のタイミングなどによっても変わるので、作業しやすい方を選んでください。

「枯れた花穂を茎ごと刈り取る」

花穂が枯れたら茎ごと刈り取り、風通しのよい場所に吊るすなどして乾燥させます。完全に乾燥したら殻をもみほぐし、うちわで扇いで殻を吹き飛ばします。バジル、セージ、ローズマリー、コリアンダー、サラダバーネット、シソ、ポットマリーゴールドなど。

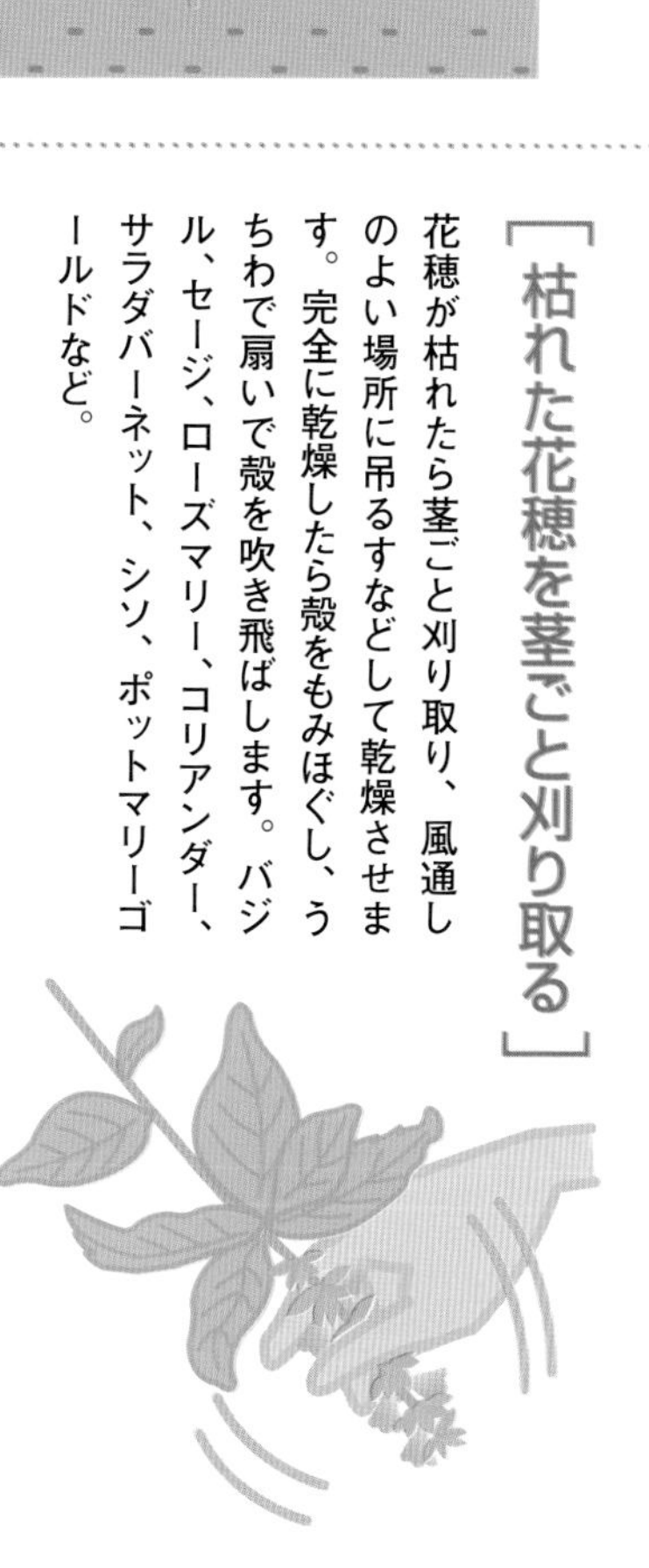

「種子が小さかったり落ちやすい場合」

小さな種子を収穫する時や、花穂の乾燥が進んだあとに刈り取る時など、その場で種子が落ちてしまうような場合は、茎にビニール袋などをかぶせて刈り取り、逆さにして口を縛り、軽くたたいて種子を落とします。タイム、オレガノ、ラベンダー、ジャーマンカモミール、ヒソップ、フェンネルなどが種子が小さな品種です。

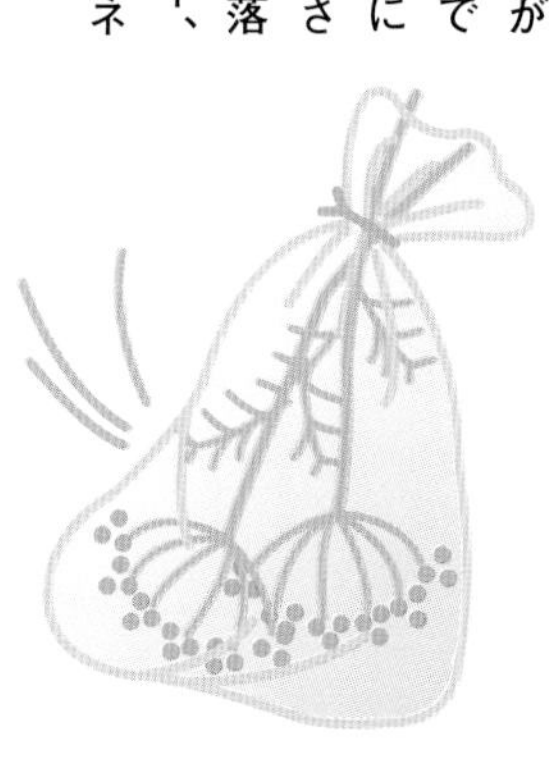

根を収穫

ショウガやコンフリー、チコリなどの根は、品種によって多少異なりますが、地上部の葉が十分に光を浴びて養分を蓄えた夏の終わりから秋が収穫期。太い根を残し、細根は取り除いて使用します。

保存

保存方法を極めて ハーブを一年中楽しむ

ハーブは自然の恵み。ほとんどの品種には生育に適した時期があり、残念ながら一年中新鮮なものを収穫することはできません。しかし、保存方法を知ることによって、その恵みを長く楽しめるようになります。なかには保存の過程で、より効能が増すものも。自家栽培のハーブは想像以上に豊作だったりもするので、保存方法をいくつかに分けていろいろと楽しむのもよいでしょう。吊るして干したり、オイルに浸けたり、保存の過程も工夫しだいでインテリア小物にもなります。リボンやビンにもこだわってみては。

＊香りや色は永久的なものではありません。また、強い光に当てると香りや色が薄くなってしまうので直射日光を避け、時期がきたら取りかえるようにしましょう。

自然乾燥

茎まで刈り取ったものは、ひもで束ねて逆さに吊るし、花や葉だけを収穫した場合は、ザルや新聞紙の上に広げます。どちらも風通しのよい日陰で、なるべく短時間で乾くような場所が最適です。しっかりと乾燥したら、密閉容器に入れ、直射日光の当たらない場所で保存します。カラッとした状態に仕上がらないときは、オーブンの余熱や白熱灯の下に数時間広げて熱を当ててもよいでしょう。

[吊るして干す]

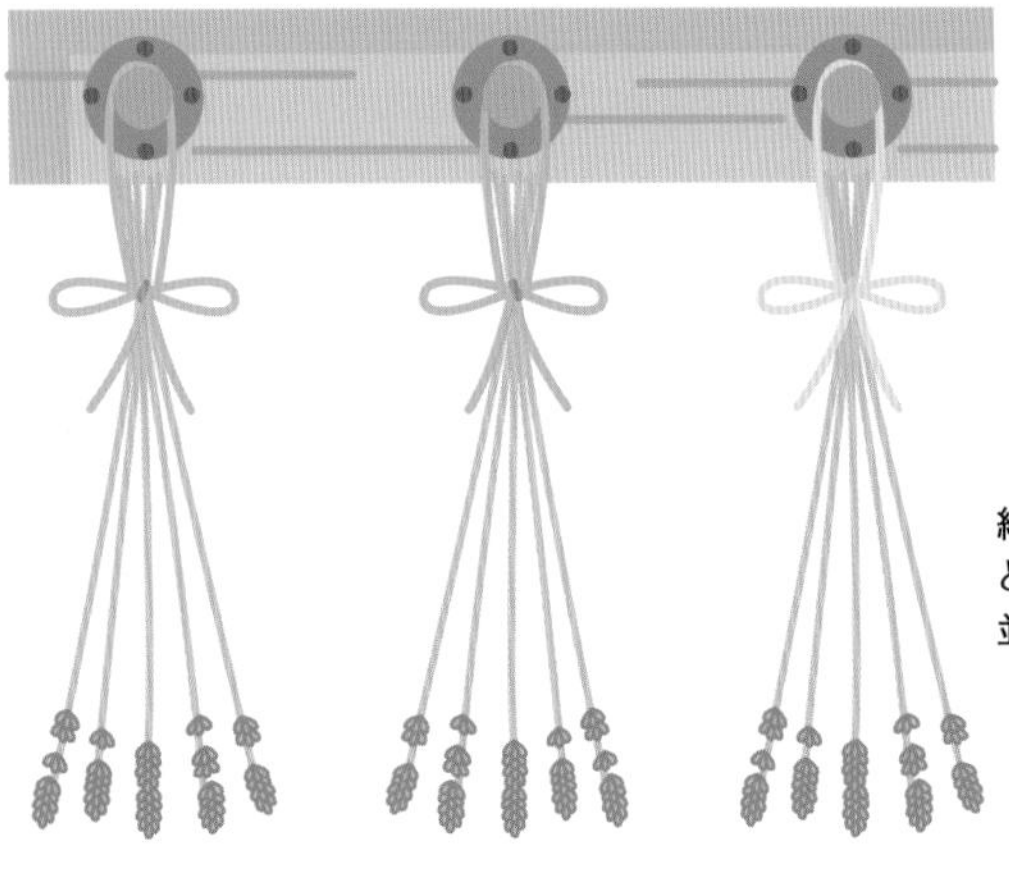

縛るひもにもこだわって、麻ひもやラフィアなどアレンジメントのように束ねて乾燥させても。並べて吊るすと、インテリアの飾りになる

[ザルなどに並べる]

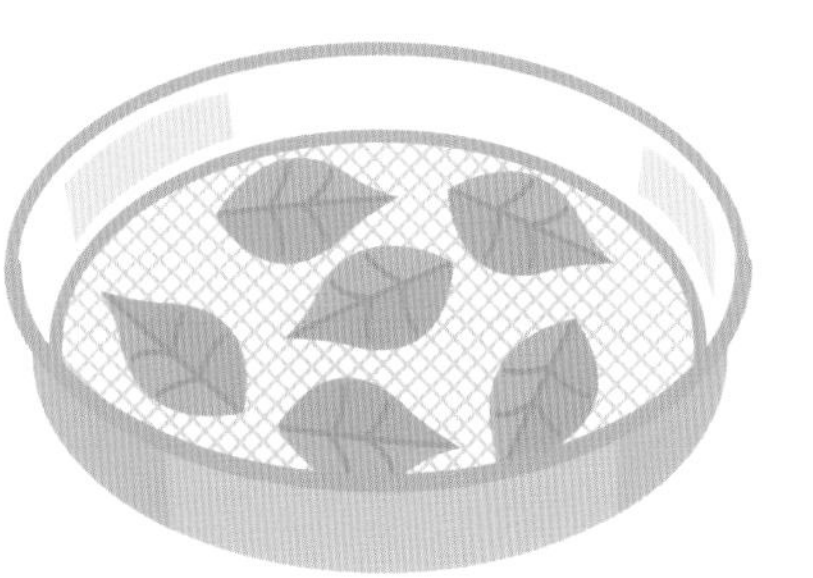

大きな葉や花弁は一枚ずつ、小花はそのまま、小さな葉は小枝に分けて、重ならないように並べる

[保存に向く密閉容器]

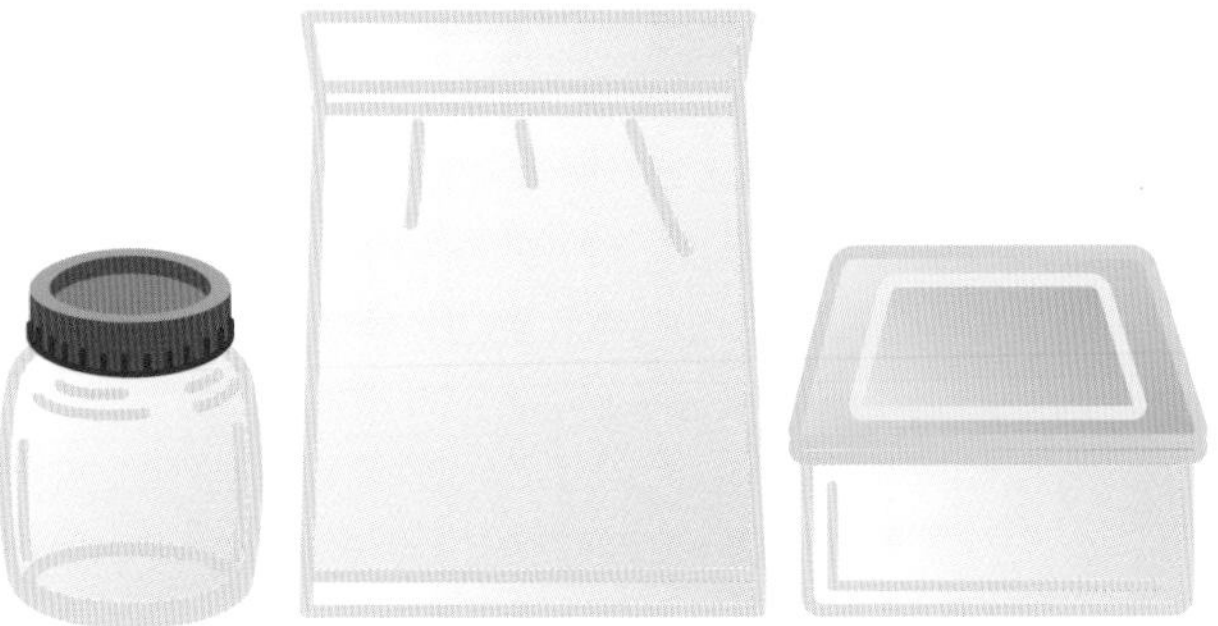

湿気の入らない密閉容器やジッパーつきのポリ袋、ふたつきのビンなどが適している。容器も乾燥させたものを使用

冷凍保存

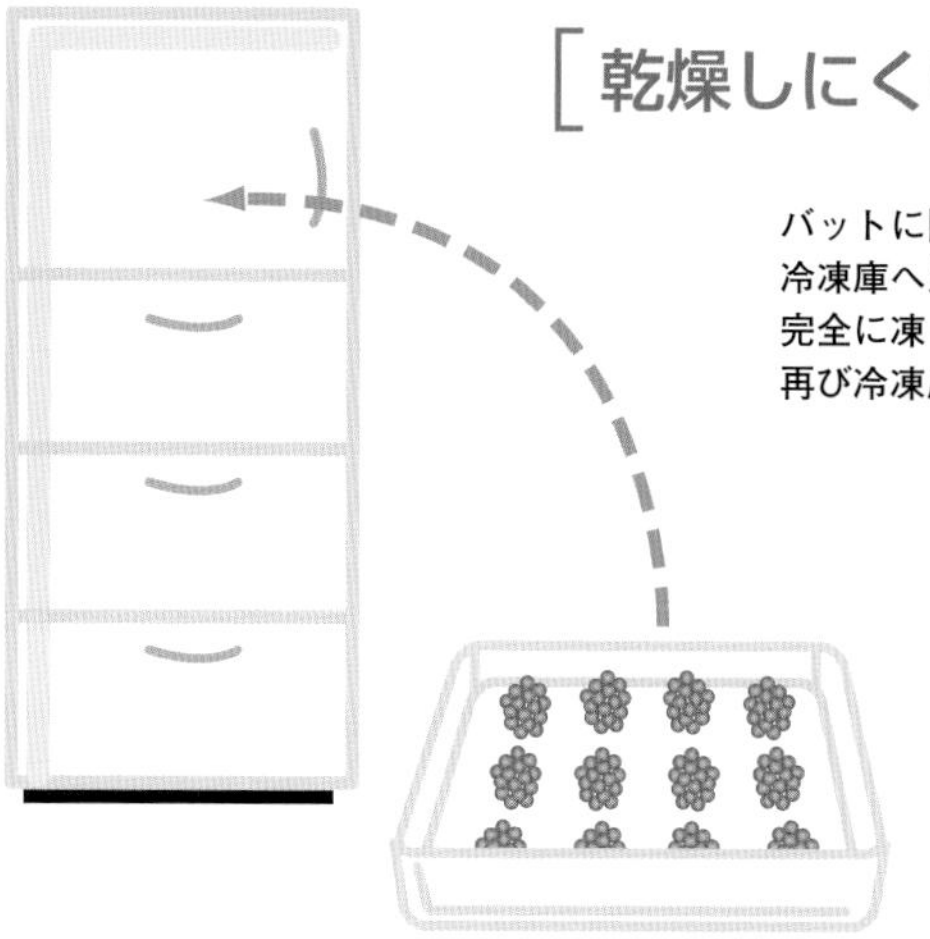

［乾燥しにくい果実類に向く］

バットに間隔をあけて並べ、
冷凍庫へ入れ凍らせる。
完全に凍ったら密閉容器に入れかえ、
再び冷凍庫へ

ワイルドストロベリーの実など乾燥が難しいものは、冷凍保存が便利です。また、ミントの葉のように乾燥すると食用しにくいもの、ボリジ、チコリの花のように乾燥すると本来の花色が損なわれるものは、アイスキューブにすれば、フレッシュに近い状態で保存することができます。冷凍庫の性能にもよりますが、なるべく早い時期に使い切りましょう。

加工保存

［そのまま料理やお菓子作りに使える］

オイルやビネガーに浸ける時は、
葉がすべて浸かるように。
浸かっていない部分があると、
その部分から腐ってしまうことも

香りの強いハーブは、ハーブオイルやビネガーに加工して保存。煮沸消毒した容器にフレッシュリーフを水洗い後しっかりと水気をふき取ってから入れ、オイルやビネガーを注ぎます。時々中身を振って熟成させたら、香りの移った液を使用しましょう。スイートバイオレットやボリジは花を砂糖漬けにすれば、美しい色を長持ちさせることができます。

▼あなたの育てているハーブはドライ・フレッシュどちら向き？▲

ハーブを食用に使用する場合、種類によって乾燥に向くものもあれば、生のままが香りを最も楽しめるものもあります。お持ちのハーブがどちらに向くのかチェック！

▼乾燥させると風味アップ
ローレル、オレガノ、セージ、キャットニップ

▼生食がおいしいハーブ
バジル、ミント、チャービル、ロケットサラダ、ディル、コリアンダー、ナスタチウム、レモンバーム、タラゴン

▼両方OKなハーブ
ローズマリー、タイム、カモミール、マジョラム、センテッドゼラニウム

Hyssop
Japanese Pepper
Curry Plant
Sweet Violet

Jasmine
Lamb's Ears
Cotton Lavender
Rose Laurel

植えっぱなしでOK
常緑＆樹木のハーブ

9

あると存在感たっぷりの常緑植物や樹木を選びました。
数年は植えっぱなしで見守れるのもうれしい特徴。
見守るうちに、育てる楽しさがじんわりわかってきます。
忙しい暮らしの中でも、気軽にハーブを楽しみたい……
そんな出発点にぴったりの9種をご紹介します。

●「育て方のポイント」の「植えつけ」では、初心者に向く最も簡単な方法を紹介しました。ほかの方法でも殖やせるものは「殖やし方」で解説しています。またカレンダーで種子まきの時期は「植えつけ、開花」「殖やす時期」に記載しています。

柳に似た細長い葉を持つ、地中海沿岸地方原産のハーブ。夏に長さ2～5cmほどの小花を穂状にたくさん咲かせる。花色には青紫色、ピンク、白があり、観賞用としても楽しめる。

肉料理、魚料理の香りづけと消化促進に

ヒソップ

Hyssop

DATA

- 学名＝Hyssopus officinalis
- 科名＝シソ科
- 原産地＝地中海沿岸地方
- 別名＝ヤナギハッカ
- 草丈＝約40～60cm
- 出まわり時期＝4～6月
- 使える部分＝葉、花
- 用途＝料理、サラダ、ティー、お酒

ハッカに似たさわやかな芳香と苦味のある葉を持つ耐寒性小低木です。6月から9月に青紫色の美しい花を咲かせます。白やピンクの花を咲かせる種類もあり、大株にしてたくさん咲かせると見ごたえがあります。

料理には主に乾燥した葉を利用します。香りづけと消化促進のために、脂分の多い肉料理、魚料理などに使用しますが、量を控えめにするのが上手な使い方です。また、古くから打ち身などへの効果があるとされています。殺菌作用もあり、風邪の症状をやわらげるというティーやうがい薬にも利用できます。生の花はサラダにおすすめ。

Varietyuse

❖使える部分 葉 花

※妊娠中の利用は控えめに

葉は主にドライで、花はフレッシュでもドライでも利用できます。香りと苦味が強いので、使いすぎに注意しましょう。

❖料理に……

消化促進の働きがあり、脂分の多い肉料理、魚料理やソーセージなどとの相性が抜群。ドライの葉を少量使うと、やや苦味のあるさわやかな風味がよいアクセントに。フレッシュな花はサラダに加えるとよい彩りになり、ぴりりとしたさわやかさが楽しめます。

❖ティーやリキュールに……

脂っこい料理のあとに生もしくはドライの葉でいれたティー（右写真）をいただくと、さっぱりとした気分に。殺菌作用があるので、風邪のひき始めにうがい薬として使っても。開花直前の花を適量漬け込んでリキュール（左写真）の香りづけにしてもいいでしょう。

Taking care

適した場所

日当たり、水はけ、風通しのいい場所に植えつける。弱アルカリ性土壌に自生しているが、中性、弱酸性でも育つので、pH測定器具がなければ中和しなくてもよい。

殖やし方

挿し芽、株分け、種子まきなど。いちばん簡単なのは挿し芽。花がついていない枝を選んで4、5月に挿し芽をすると、容易に発根して苗が殖やせる。株分け、種子まきの適期も春。

収穫：収穫期 6～10月

葉は秋まで収穫できるが、開花直後がいちばん香りがよい。株の蒸れを防止するため、花が咲き始めたら収穫を兼ねて1/2から2/3ほど切り戻す。花も開花したばかりのものを利用する。

育て方のポイント

植えつけ――種子は春に3号ポットにまき、間引きながら育てる。充実した苗に生長させてから定植する。過湿に弱いため、地植えでは盛り土をして植えつけるとよい。

水やり――乾かしぎみに管理し、土の表面が乾いたらたっぷりと与える。

肥料――肥料分を控えめにした方が、香りのよい葉を収穫できるので、あまり肥料を施さない。鉢植えの場合は、春と秋に緩効性肥料を施す。

病害虫――イモムシ、ケムシに葉を食害されるので、見つけ次第、捕殺する。

毎日のケア――株の蒸れを防ぎ、株の中心にも日が当たるようにするため、込み合った枝は定期的に間引く。特に高温多湿になる梅雨時から真夏は注意。鉢植えの場合は梅雨時に雨除けをする。

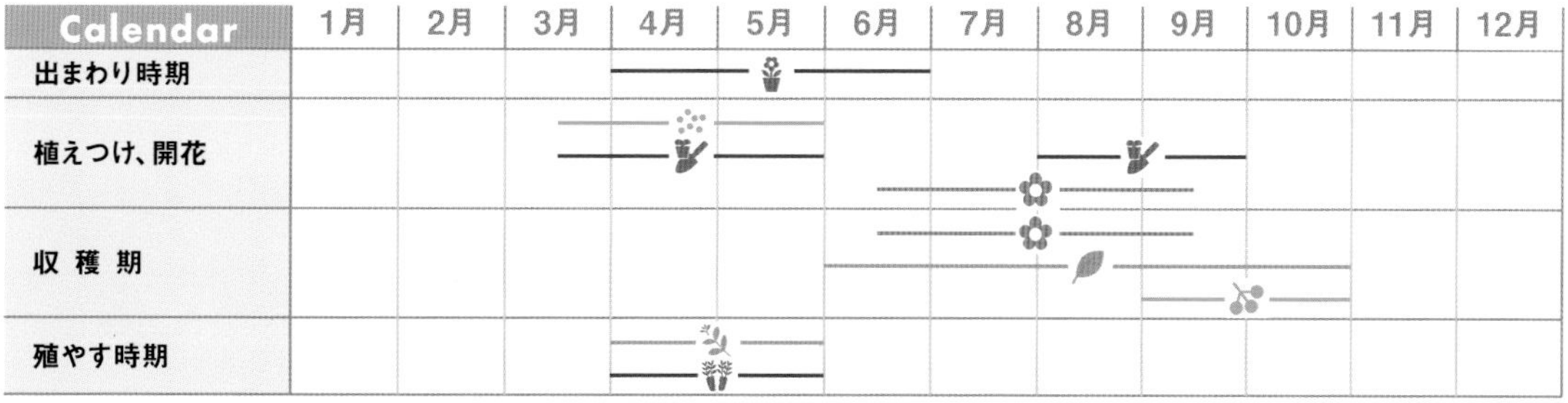

黄緑色の花を咲かせる雄木のサンショウ（左写真）。摘みたての若芽の香りがすばらしく、果実がならなくても十分楽しめる。雌木に果実をつけさせるためには、雄木の花粉が必要だが、1本で結実するものもある。

和食のあしらいに欠かせない、日本の香辛料

サンショウ

Japanese Pepper

DATA

- 学名＝Zanthoxylum piperitum
- 科名＝ミカン科
- 原産地＝日本
- 別名＝ハジカミ
- 草丈＝約100～300cm
- 出まわり時期＝3～5月、10月
- 使える部分＝葉、花、実、種子
- 用途＝料理

古来より利用されている、日本を代表する香辛料。耐寒性の落葉低木でトゲがあり、雄木（ハナザンショウ）と雌木（ミザンショウ）に分かれます。黄緑色の花が4月に咲き、果実が熟すのは秋です。

和食に幅広く使え、1本あると何かと重宝します。木の芽（若芽と若葉）、花山椒（花）、青山椒（未熟な果実）、実山椒（熟した果実）、粉山椒（熟した果皮の粉末）など、利用する部位によって名前がつけられています。移植を嫌うので、庭植えの場合は場所をよく検討してから植えつけてください。果実や葉が大きく、トゲがほとんどない、アサクラザンショウ・もあります。

Varietyuse

❖使える部分 葉 花 実 種

若芽、葉、花、未熟果、熟果が料理に利用できます。一般家庭なら、1本あれば十分。太く育った幹は、香りのよいすりこ木としても利用可能。

❖料理に……

若芽、若葉、花、果実は季節感が感じられるあしらいとして、料理を引き立てます。酒、砂糖とともにサンショウの若葉や実を加えた、田楽の練り味噌（左写真）はしびれるような独特の風味と香りを楽しめます。枝先の若くやわらかな葉を豆腐にのせて、薬味、あしらいにすると香りとともに目にも映えます（右写真）。若芽、若葉、花、未熟果は薬味や佃煮などに、若芽、若葉は木の芽あえ、吸い物などに、未熟果は味噌漬けなどに利用できます。中華料理で使用されているのは、別種の花椒や、別属のイヌザンショウです。

Taking care

適した場所

日当たり、水はけ、水持ちのいい土壌を好む。乾燥に弱いので、夏の西日が当たらない、乾燥しすぎない場所がよい。鉢植えは水切れを避けるために、夏場は明るい半日陰で管理した方がよい。

殖やし方

種子まき、接ぎ木など。こぼれ種子でもよく殖える。種子をまくときは秋に採取してすぐにまくか、乾かさないように貯蔵しておいて2、3月にまく。

収穫：収穫期 4～5月、8～10月

香りのよい若芽、若葉は春に収穫する。花は4月に、未熟果は晩夏に、熟果は秋にそれぞれ収穫する。果実を小鳥に食べられないように注意。

育て方のポイント

植えつけ――苗木を入手し、細根を傷つけたり、乾燥させたりしないように注意して植えつける。根づくまでは支柱を立て、乾燥防止のため、株元に腐葉土や堆肥をマルチングしておく。移植を嫌うので、植えつける場所選びは慎重に。

水やり――根の張りが浅いので、極端に乾燥させないように注意する。特に鉢植えは、ちょっと水切れしただけで葉が傷み、全体が枯れてしまうこともあるので気をつける。

肥料――緩効性肥料を春と秋に施す。

病害虫――アゲハチョウの幼虫が葉を食害するので、見つけ次第、捕殺する。

毎日のケア――葉が展開している春から秋までは、アゲハチョウの幼虫がいないかどうか定期的に確認する。鉢植えは水切れに注意。

Calendar	1月	2月	3月	4月	5月	6月	7月	8月	9月	10月	11月	12月
出まわり時期												
植えつけ、開花												
収穫期												
殖やす時期												

カレーの香りという思いがけない芳香を持つハーブ。葉をスープやピクルスに加えると、カレーのマイルドな香りが楽しめる。夏に咲くからし色の花はドライフラワーに向く。

カレーの香りを漂わせる美しいシルバーリーフ

カレープラント

Curry Plant

DATA

- 学名=Helichrysum italicum
- 科名=キク科
- 原産地=ヨーロッパ南部
- 別名=ムギワラギク
- 草丈=約50〜60cm
- 出まわり時期=3〜6月、9〜10月
- 使える部分=葉、花、茎
- 用途=料理の風味づけ、ドライフラワー、ポプリ

美しいシルバーリーフが印象的な、常緑の半耐寒性小低木。古くから利用されてきたハーブではなく、歴史の浅い比較的新しい品種です。カレー粉の原料ではありませんが、葉にカレーそっくりの強い香りがあり、料理の香りづけに利用します。葉はフレッシュでも、ドライでも利用可能です。

7月中旬から8月に咲く、からし色の花は乾燥させても色あせないので、ポプリやドライフラワーに最適。綿毛の生えた銀灰色の草姿は園芸植物としても観賞価値が高く、ほかの植物と組み合わせると、シルバーリーフがよいアクセントになります。

Varietyuse

❖使える部分 葉 花 茎

美しいシルバーリーフに、カレーの香りという不思議な組み合わせ。香りが長く持つのが特徴です。

❖料理に……

葉をスープやシチューなどの香りづけに利用し、マイルドなカレー風味を楽しみます。使用する葉はフレッシュでも、ドライでも構いませんが、風味づけに使った葉は食前に取り除いてください（左写真）。ピクルスの風味づけなどにも利用できます。

❖ドライフラワーに……

夏に咲く、からし色の花は乾燥させても色あせしにくく、ドライフラワーやポプリに最適です。綿毛の生えた針状のシルバーリーフも同様にドライフラワーやポプリとして長く楽しめ、防虫効果もあります（右写真）。

Taking care

適した場所

日当たり、水はけ、風通しのいい、肥沃な土壌を好む。耐寒性は−5℃ぐらいまでなので、寒冷地では屋内に取り込んで冬越しさせた方がよい。

殖やし方

挿し木で殖やす。適期は春と秋で、比較的容易に発根し苗ができる。やわらかい枝は腐りやすいので、少しかための枝を使うのがコツ。

収穫：収穫期 4月中旬～10月

葉を料理に使う場合は、フレッシュでもドライでも構わない。7月中旬～8月に咲く花は、咲いたものから順番に収穫する。

育て方のポイント

植えつけ――苗を入手して植えつける。生育期の始まる春に植えつけると、勢いよく生長する。

水やり――地中海沿岸地方原産の過湿に弱いハーブほどではないが、やや過湿を嫌う。乾かしぎみに管理し、表土が乾いたらたっぷりと与える。鉢植えの場合は梅雨時の長雨に当てない方がよい。

肥料――緩効性肥料を春と秋に施す。鉢植えは肥料切れさせないように注意する。

病害虫――病害虫で悩まされることはあまりないが、アブラムシが発生することがある。風通しをよくして発生を抑制し、見つけ次第、捕殺する。

毎日のケア――株が蒸れないように、枯れた枝、込み合った枝を剪定する。開花後に収穫を兼ねて軽く切り戻しておく。

Calendar	1月	2月	3月	4月	5月	6月	7月	8月	9月	10月	11月	12月
出まわり時期			—	—	—	—			—	—		
植えつけ、開花				—	—		—	—	—	—		
収穫期				—	—	—	—	—	—	—		
殖やす時期				—	—				—	—		

春先から、香りのよい濃紫色の花を咲かせる。オーソドックスな一重咲き（右写真）のほか、八重咲きの‘パルマスミレ’（左写真）も観賞価値が高く人気。

甘い香りが心を落ち着かせ、安らかな眠りに

スイートバイオレット

Sweet Violet

DATA

- 学名＝Viola odorata
- 科名＝スミレ科
- 原産地＝ヨーロッパ、西アジア
- 別名＝ニオイスミレ
- 草丈＝約10〜15cm
- 出まわり時期＝1〜5月
- 使える部分＝葉、花
- 用途＝砂糖漬け、サラダ、お菓子、ティー、フェイシャルスチーム、ポプリ、コサージュ

甘い香りを漂わせる、可憐な花として知られるハーブです。利用するのは花とハート形の葉。花と葉のティーはいらいらをやわらげて心を落ち着かせてくれるので、頭痛や不眠症、二日酔いにおすすめ。口内炎や風邪のひき始めにも効果があり、ティーをうがいに使えば、咳や痰を抑えてくれます。香料やバイオレットウォーターの原料として、フランス南部などで現在でも栽培されています。

「八重咲きニオイスミレ」の名前で出まわっているのは、別種の‘パルマスミレ’ですが、スイートバイオレットと同じように利用できます。八重咲きなので、砂糖漬けにすると見栄えがします。

Varietyuse

❖使える部分 葉 花

花はフレッシュで使うか、保存するのであれば砂糖漬けに。葉はフレッシュでもドライでも使えます。

❖砂糖漬けに……

卵白を泡立てないようによくかき混ぜてから、花に塗り、粉砂糖を振りかけます。風通しのよい場所で乾燥させればできあがり(左写真)。そのまま食べてもおいしく、ケーキ、ムース、アイスクリームの飾り(右写真)にすることもできます。密封できる容器に入れて、冷蔵庫で保存します。

❖フェイシャルスチームに…

洗面器にフレッシュな葉を4、5枚と熱湯を入れ、フェイシャルスチームにすると、肌に潤いを与え、鎮静効果によってリラックスできます。

❖サラダに……

摘みたての花はエディブルフラワーとしてサラダに。

Taking care

適した場所

水はけ、水持ちのいい、肥沃な場所を好む。植えつけ前に腐葉土、堆肥をすき込んでおくとよい。秋から春は日当たりがよく、初夏から晩夏までは直射日光の当たらない涼しい場所を選ぶ。

殖やし方

株分け、種子まき、またはランナーから出た子株を切り分けて殖やす。株が古くなると生育や花つきが悪くなって病気にかかりやすくなるので、定期的に株を更新しておく。

収穫：収穫期 10月中旬〜5月

花を利用する場合は、咲いてすぐ収穫する。 葉はいつでも収穫できる。

育て方のポイント

植えつけ――開花期に出まわる苗は、根を壊さないように植えつける。スイートバイオレットは鉢植えでも庭植えでも育てられるが、パルマスミレは耐暑性、耐寒性が弱く、鉢植えが最適。花が重みでたれるので、雨に当てないように管理する。

水やり――鉢植えは乾燥させないように注意。高温乾燥に弱いので、特に夏場は水切れさせないように。

肥料――窒素分の少ない肥料を施す。施しすぎると病気になりやすくなったり、花つきが悪くなったりするので控えめに。

病害虫――基本的に丈夫だが、アブラムシ、葉ダニ、灰色かび病などが発生することがある。見つけ次第、駆除する。

毎日のケア――風通しのよい場所で乾燥しすぎないように管理する。枯れた葉や傷んだ葉を取り除く。

Calendar	1月	2月	3月	4月	5月	6月	7月	8月	9月	10月	11月	12月
出まわり時期												
植えつけ、開花												
収穫期												
殖やす時期					ランナー							

左写真はハゴロモジャスミン。カロライナジャスミン（右写真）のように、ジャスミンとは別の種類でも香りがよいのでジャスミンと呼ばれるものもある。香りが強いが毒性を含むのでポプリなどに使用する。

「香りの女王」とも言われる甘美な芳香が魅力

ジャスミン

Jasmine

インドやアフガニスタンなどに自生するモクセイ科で、ツル状に茎をのばして生長します。春に咲く白い花は、とても甘い香り。開花期には、室内にひと鉢あるだけで、部屋中に甘美な芳香を漂わせます。香水の原料としても使われますが、真夜中に咲き始める花から抽出される精油は、ほんのわずかしか採れないためとても高価。この魅惑的な香りは、強いリラックス効果に加え、気分を高揚させるパワーがあるため、人を官能的な気分にさせるとも言われます。花は乾燥させてティーにするほか、デザートやドリンクに添えて香りを楽しむとよいでしょう。

DATA

- 学名＝Jasminum officinale
- 科名＝モクセイ科
- 原産地＝インド、アフガニスタン、イランに自生
- 別名＝ソケイ、シロモッコウ
- 草丈＝約150〜300cm
- 出まわり時期＝5〜6月
- 使える部分＝花
- 用途＝お菓子、ティー、ポプリ

Varietyuse

❖使える部分 花

花の部分を乾燥させてティーに利用します。また、フレッシュのままさっと水で洗って生花を飾りつけに使っても素敵です。

❖ティーに……

ジャスミンティーにするには、七分咲きくらいになった花を摘み取り、ドライにします。それをベースとなる中国茶または中国緑茶に適量ブレンドしていれます（左写真）。ジャスミンティーにする花は、マツリカ（アラビアンジャスミン）またはハゴロモジャスミンを使います。カロライナジャスミンは毒性があり、お茶には適さないのでポプリや芳香剤にするとよいでしょう。

❖お菓子に……

生の花は、アイスクリームやケーキなどのお菓子に添えて甘い香りを楽しみます。ドライにした花をクッキー生地に練り込んで焼いても風味が移ります（右写真）。

Taking care

適した場所

水はけのいい肥沃な土壌を好む。日光不足で徒長し、花つきが悪くなるので、日当たりのいい場所に。暑さに強いが寒さと霜に弱いので、冬季は室内管理する。ただし、適度な寒さに当てないと翌春花が咲かないので、暖房の効きすぎた部屋は避ける。

殖やし方

挿し木で殖やす。花が咲かなかった茎の先端を2節ほど切り、下葉を落として土に挿す。温度が25℃あれば2週間ほどで発根する。

収穫：収穫期 4～5月

開花した花を摘み取る。花は午前2時頃から開花するので、午前中のうちに摘み取ってしまうとよい。水分を多く含む花なので、十分乾燥させてから保存すること。

育て方のポイント

植えつけ——鉢植えのものを購入するとよい。植えつけの適期は4～5月頃。ツル状になっているものを庭におろすときは1本ずつ分けて、50～60cm程度に刈り込んでから植えつけるとよい。

水やり——表土が乾いたらたっぷり与える。特に、花が咲く時期には水をぐんぐん吸い上げるので、水切れに注意。冬季は控えめにし、表土が乾いてから2、3日後に与えるようにする。

肥料——植えつけ時に元肥として緩効性肥料を土に混ぜる。追肥は、2カ月に1度の固形肥料か、2週間に1度の液体肥料でよい。窒素肥料が多いと、花つきが悪くなるので控えめに。

病害虫——株が弱っていたり、乾燥が続いたりすると、ハダニの被害にあいやすいので、時々葉水を与えるとよい。

毎日のケア——咲き終わった花や枯れた葉はこまめに摘み取る。ツル性で刈り込みにも強いので、支柱を当てて好きな草姿に仕立てることも可能。根のまわりが早いので、鉢植えの場合2年に1度、春か秋に植えかえを行う。

Calendar	1月	2月	3月	4月	5月	6月	7月	8月	9月	10月	11月	12月
出まわり時期					—	—						
植えつけ、開花				—	—							
収穫期				—	—							
殖やす時期				—	—	—	—	—	—			

銀灰色の綿毛で覆われたビロード状の葉（右写真）と、夏に咲く花（左写真）。高温多湿にやや弱いが、病害虫に強い。よく殖えて株が込み合うので、定期的に植えかえて楽しみたい。

思わず触りたくなる、ビロード状の「羊の耳」

ラムズイヤー

Lamb's Ears

DATA

- 学名＝Stachys byzantina
- 科名＝シソ科
- 原産地＝トルコ、アジア南部
- 別名＝ワタチョロギ
- 草丈＝約30～50cm
- 出まわり時期＝4～5月
- 使える部分＝葉、花
- 用途＝ドライフラワー、ポプリ、花束、リース

　見た目は似ていませんが、酢漬けとして食用にされるチヨロギの仲間の多年草です。「羊の耳」の名前の通り、綿毛で覆われているシルバーリーフはやわらかな手触りで、青リンゴに似た香りがほんのりと感じられます。葉は横に広がり、夏に花穂を高くのばして赤紫色の花を咲かせます。

　かつては打ち身の湿布など、薬用ハーブとして利用されたこともありましたが、現在では観賞用としてのみ利用されています。乾燥させても色、質感があまり変わらないシルバーリーフとして貴重な存在で、ドライフラワーやポプリ、花束、リースなどにおすすめ。

Varietyuse

❖使える部分 葉 花

葉と花を主にドライフラワーに使用します。綿毛で覆われた銀灰色の美しい葉と花は利用価値が高い。

❖フラワーアレンジメントやブーケに……

フレッシュな葉や花をほかの植物と組み合わせると、ラムズイヤーの銀灰色が空間を埋めて、フラワーアレンジメントやブーケをより魅力的なものにします。ラムズイヤーの葉を根じめにしてピンクや白系の花を組み合わせたフラワーアレンジも素敵（左写真）。

❖ドライフラワー、ポプリに…

葉や花を乾燥させてドライフラワーやポプリとして楽しむこともできます。葉や花穂に含まれる水分が少ないので、フレッシュのままリースに使っても、傷まずにそのままドライになります（右写真）。

Taking care

適した場所

日当たり、水はけのいい、乾燥した場所を好む。半日陰でも育つが、日照量が不足すると、花穂が上がりにくくなることもある。

殖やし方

春か秋に、株分けで殖やす。生育がよく、1、2年で株が込み合ってくるので、植えかえの際に株分けを行うとよい。植えかえ、株分けを行わないと、込み合った部分から枯れることもあるので注意。

収穫：収穫期 4～11月

雨の跳ね返りによって葉の表面が汚れるので、梅雨時や秋の長雨時を避けて葉を収穫する。花は咲き始めたら花穂ごと切り取る。

育て方のポイント

植えつけ――苗を入手して、春か秋に植えつける。

水やり――過湿に注意し、乾かしぎみに管理する。葉をきれいに保つためにも、鉢植えは梅雨時は雨除けした方がよい。

肥料――春と秋に緩効性肥料を施す。施しすぎると葉が大きくなりすぎて姿が乱れるので、控えめに。

病害虫――特にやっかいな病害虫はないが、アブラムシが発生することがあるので、見つけ次第、取り除く。

毎日のケア――枯れた葉や傷んだ葉は見つけ次第、取り除く。花を収穫しない場合は、花が咲き終わったら花穂ごと切り取る。株が込み合ったり、老化したりすると、葉が落ちて見苦しくなるので、1、2年ごとに植えかえる。

Calendar	1月	2月	3月	4月	5月	6月	7月	8月	9月	10月	11月	12月
出まわり時期				―	―							
植えつけ、開花				―	―				―	―	―	
						―	―	―				
収 穫 期						―	―	―				
				―	―	―	―	―	―	―	―	
殖やす時期			―						―			

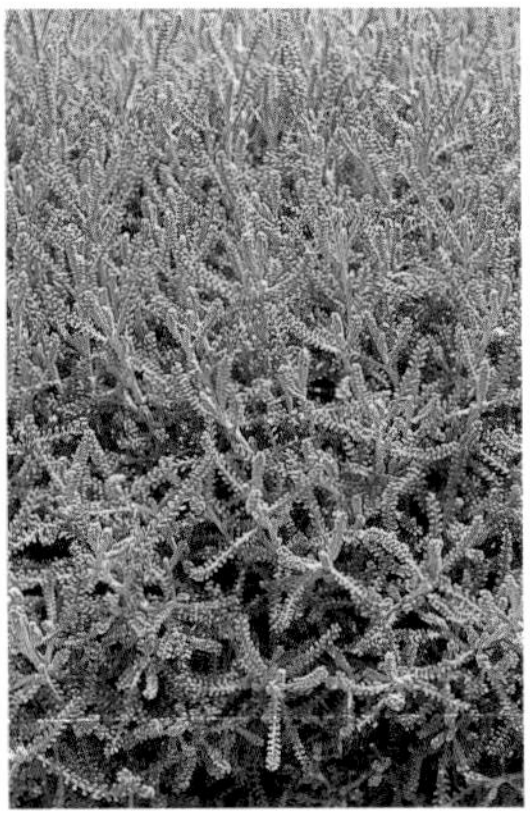

細かな切れ込みが入る特異な形状の葉と、ボタンのような黄花の組み合わせが印象的。密に茂るシルバーリーフとしても利用価値が高い。

空気をさわやかにするシルバーリーフ

サントリナ

Cotton Lavender

DATA

- 学名＝Santolina chamaecyparissus
- 科名＝キク科
- 原産地＝地中海沿岸
- 別名＝ワタスギギク（和名）、コットンラベンダー
- 草丈＝約30～60cm
- 出まわり時期＝4～6月
- 使える部分＝葉、花
- 用途＝防虫ポプリ、ドライフラワー、リース

細かな切れ込みが入るシルバーリーフが特徴的な常緑低木のハーブ。刺激性の強い香りがあり、夏に黄色やクリーム色のボタンのような花を咲かせます。葉が銀灰色のもののほか、きれいな緑色のものもあります。料理やティーには利用できませんが、空気をさわやかにする効果があるので、ポプリやドライフラワーにして楽しむほか、防虫、消毒効果があるので、引き出しや本棚に入れて虫除けにも。

こんもりとした茂みに育つ美しいハーブですが、高温多湿に弱いので、株の蒸れを防ぐために定期的に切り戻しをします。切り戻しには株を若返らせる効果もあります。

Varietyuse

❖使える部分 葉 花

銀灰色の葉と黄色の花を、防虫と観賞用に利用します。花が咲いていなくても、こんもりと茂った樹姿が美しく、一年中楽しめます。

❖ポプリ入りハンガーに……

独特の香りを持つ、葉と花はポプリに最適。ワイヤー製のハンガーに、防虫効果のある葉を乾燥させたポプリを綿で包んだものを入れて、お気に入りの布でくるみ形を整えれば、オリジナルの防虫ハンガー（左写真）の完成です。

❖リースに……

フレッシュのままリースに（右写真）。水分をあまり含んでいないので、風通しのよい場所に飾っておけば、そのままドライになり長く楽しめます。ドライになっても色や形状があまり変わらないうえ、防虫効果があるので虫がわくこともありません。

Taking care

適した場所

日当たり、水はけのいい、やせた土壌を好む。弱アルカリ性土壌に自生しているが、弱酸性でも育つので、中和しなくてもよい。

殖やし方

春か秋に挿し木で殖やす。充実した枝を5～8cmに切って挿し木すると、2週間ほどで発根し始める。

収穫：収穫期 6月～8月中旬

開花後に剪定を兼ねて花と葉を収穫する。梅雨前に、葉の収穫を兼ねて切り戻すと、株の蒸れを防止できるが、切り戻すと花が咲かないので注意。

育て方のポイント

植えつけ――春か秋に苗を植えつける。鉢植えでも庭植えでも育てられる。

水やり――過湿を嫌うので、乾かしぎみに管理する。特に鉢植えの場合、梅雨時から夏の間は雨除けをするとよい。

肥料――やせた土壌に自生しているため、あまり肥料を施さなくても育つ。窒素分の多い肥料を施しすぎると軟弱に育つので注意。

病害虫――防虫成分を含むため、病害虫に悩まされることはほとんどない。

毎日のケア――姿を整えるために、こまめに枝を剪定する。古い株ほど高温多湿に弱く、梅雨明け頃に突然、枯れてしまうこともあるので、予備の苗を殖やしておいた方がよい。

Calendar	1月	2月	3月	4月	5月	6月	7月	8月	9月	10月	11月	12月
出まわり時期				—	—	—						
植えつけ、開花				—	—	—			—	—	—	
						—	—	—				
収穫期						—	—	—				
						—	—	—				
						—	—	—				
殖やす時期				—	—	—			—	—		

樹高はツル性のもので３～５m、半ツル性のもので２m程度。低木種は約１m。品種も豊富で、ワイルドローズ、オールドローズ、モダンローズの系統に大別される。

香り高く、気品に満ちた花の女王

バラ

Rose

DATA

- 学名＝Rosa spp.
- 科名＝バラ科
- 原産地＝北半球のほぼ全域
- 別名＝—
- 草丈＝約100～500cm（ツル性）
- 出まわり時期＝4～5月、11月
- 使える部分＝花、実
- 用途＝サラダ、お菓子、ティー、入浴剤、化粧水、ポプリ

気品に満ちた香りと優雅な花姿が世界中で愛されているバラ。甘く優美な香りで知られ、香水の原料としても多く使われます。ツル性や半ツル性、低木種があり、花の色や形もさまざま。花びらは、ジャムにするほか、フレッシュのままサラダに飾ったり、砂糖漬け、飲み物の香りづけにぴったり。そのままお風呂に浮かべても浴室に優雅な香りが漂います。つぼみはデザートに添えるほか、ドライにして各種クラフトに。ローズヒップと呼ばれる果実のお茶は、ビタミンCを多く含むので、肌荒れや目の疲れにとても効果的。女性の美容のためにふさわしい、毎日でもいただきたいハーブティーです。

Varietyuse

❖使える部分 花 実

主にハーブとして使うのは、ワイルドローズやオールドローズ。花びらを食用にする時は無農薬のものを使いましょう。

❖切り花に……
咲き始めの花をフラワーベースに飾ります。甘い香りが部屋中にたちこめて、落ち込んだ気分をリフレッシュしてくれます(左写真)。

❖飲み物に……
実(ヒップ)が採取できたら、手で割って中の種子を取り除き、軽く洗って乾燥させます。そのままでもビタミンCを多く含む酸味のあるティーに仕上がりますが、乾燥させたハイビスカスの花を少し加えると、色合いも鮮やかで味わいも豊かに。ローズヒップは主にドッグローズから採取します。

❖石けんに……
乾燥させた花びらを石けんに加えて作ります。表面にあしらっても素敵(右写真)。

Taking care

適した場所

直射日光を好み、肥沃で水はけのいい土壌がよい。室内栽培には不向き。蒸れに弱いので、できるだけ風通しのいい場所を選ぶ。

殖やし方

挿し木や接ぎ木で殖やす。挿し木は5～7月が適期。あまり古い枝は芽が出にくい。若い茎を選び、10～15cm切り取り、葉を3枚ほどつけて挿し口を斜めに切って、土に挿す。日陰に置き、朝夕水をやると1カ月ほどで発根する。

収穫：収穫期 5～6月、9～11月

つぼみはふくらんできたものを摘み取り、花は開花した日の午前中のうちに茎ごと切り取るとよい。実は赤く熟したものを収穫する。

育て方のポイント

植えつけ――苗木から育てるのが一般的。11月から2月は休眠期にあたるので、初心者はこの時期に植えつけ適期の大苗を使うとよい。水はけがよくなるように根元が高くなるように植えつける。

水やり――表土が乾いたらたっぷり与える。夏場は水を多く必要とするので、朝と夕方の2回与えるとよい。庭植えの場合も水切れをおこすと株の勢いがなくなるので、夏季の水やりは必須。

肥料――多肥を好む。植えつけ時の元肥のほか、2月の寒肥、新芽ののびる5月、開花後の8～9月に、それぞれ有機肥料や化学肥料を株の周囲から30cmくらい離して埋め込むとよい。窒素肥料が多いと花つきが悪く、病害虫がつきやすいので控える。

病害虫――窒素過多や多湿などで、アブラムシやうどんこ病、黒点病などに侵されやすい。薬剤がないと栽培が難しいが、生育環境を整え、無農薬で病害虫の予防につとめる。

毎日のケア――多湿に弱いので、込み入った枝葉は剪定をして通気性と採光をはかる。咲き終わった花がらや、黄色くなった枝葉はこまめに取り除く。

Calendar	1月	2月	3月	4月	5月	6月	7月	8月	9月	10月	11月	12月
出まわり時期				―	―						―	
植えつけ、開花	―	― 大苗		―	― 新苗						― 大苗	
					―	―			―	―		
収穫期					―	―			―	―		
									―	―	―	
殖やす時期					―	―	―					

常緑なのでいつでも葉を収穫できるローレル。刈り込みに強く、庭木としても扱いやすく魅力的。剪定によってコンパクトな樹形に仕立てることができる。

数多くの料理に使える万能ハーブ

ローレル

Laurel

DATA

- 学名＝Laurus nobilis
- 科名＝クスノキ科
- 原産地＝地中海沿岸地方
- 別名＝ゲッケイジュ、ローリエ
- 草丈＝約200～700cm
- 出まわり時期＝3～5月、10～12月
- 使える部分＝葉
- 用途＝料理、入浴剤、ポプリ

葉はドライとフレッシュ、どちらも利用でき、好みで使い分けます。フレッシュはやや苦味のある鋭い香り。ドライはマイルドで甘い香りですが、調理すると強い香りに。疲労回復効果があり、入浴剤としても楽しめます。防腐効果もあり、葉を細く切ればポプリになります。

雄木と雌木に分かれ、春にクリーム色の小花を咲かせます。育てやすく、庭木としても利用されていて、斑入りや黄葉もあります。芽吹きがよく、強く刈り込むことができるので、剪定することによって樹高を2～3mに抑えることも難しくありません。スタンダード仕立てもおすすめ。

Varietyuse

❖使える部分 葉

葉はフレッシュでも、ドライにしても利用できます。料理や虫除けのほか、たくさん収穫できるので、お風呂に入れてハーブバスにするのもおすすめ。

❖料理に……
葉はフレッシュでも、ドライでも、料理の風味づけに最適。シチューやポトフ（左写真）など、さまざまな料理に利用できます。パセリやセロリ、タイムなどと一緒にブーケガルニとして使うのもおすすめ。

❖米びつの虫除けに……
葉に防虫効果があり、穀物や粉などを入れた容器に葉を入れておくと虫除けになります（右写真）。

❖オリーブオイルに……
オレガノ、ニンニクなどと一緒にオリーブオイルやワインビネガーに入れて香りをつけて楽しみます。日当たりのよい窓辺に置けば、半月ほどで風味のよいオイルやビネガーに。

Taking care

適した場所

日当たり、水はけのいい、肥沃な場所を好む。庭植えにする場合は、植えつけ前に堆肥や腐葉土をすき込んでおく。

殖やし方

春か梅雨時に挿し木、ひこばえ（株の根元近くからのびる芽）で殖やす。ひこばえを増殖に使わない場合は、早めに切り取っておく。

収穫：収穫期 周年

収穫した葉を、日陰でよく乾燥させてから密封保存する。枝ごと切って、リースにしておくと、そのままドライになり、葉を切り取って料理にも使える。

育て方のポイント

植えつけ──春か秋に苗を植えつける。苗を選ぶ際は、徒長していない、根張りのしっかりした苗を選ぶ。根がしっかり張るまでは、支柱を立てておく。

水やり──土の表面が乾いたらたっぷりと与える。

肥料──緩効性肥料を春と秋に施す。庭植えの場合は、ある程度大きくなったら、生育を抑制するために肥料を施さなくてもよい。

病害虫──日当たり、風通しがよければ、病害虫が発生することはほとんどないが、カイガラムシが発生することがある。カイガラムシが発生したら、見つけ次第、取り除く。

毎日のケア──ほとんど手間がかからないが、新しい枝が勢いよくのびて樹形が乱れるので、収穫を兼ねて定期的に剪定し姿を整える。

Calendar	1月	2月	3月	4月	5月	6月	7月	8月	9月	10月	11月	12月
出まわり時期			—	—	—					—	—	—
植えつけ、開花			—	—				—	—			
				—	—							
収穫期	—	—	—	—	—	—	—	—	—	—	—	—
殖やす時期				—		—	—					

ハーブ栽培のきほん10

暮らしに役立つ植物として、
ハーブは古代から愛されてきました。
基本的には丈夫で、
ひと鉢あればどんどん殖やすことができます。
健全に育ったハーブは、
新鮮でおいしく、香りも抜群です。
上手に育てて、ハーブをもっと楽しみましょう。

01 種子まきの基本セオリー

ハーブには種子から簡単に育てられる品種が多くあります。カモミールやヤロウを広い面積で育てる場合や、バジル、ロケットサラダなど頻繁に使うもの、ボリジ、ナスタチウムなど種子が大きく育てやすいものが特におすすめです。

1 まく時期は春と秋

「春まき」に適するものは、耐寒性がなく夏から秋にかけて花を咲かせる品種。霜の心配がなくなる4月のヤエザクラの咲く頃が適期です。「秋まき」は、春に花が咲く耐寒性のある品種に向き、寒くなる前に根を張れるよう9月中旬～10月初旬にまきます。また、タイムやローズマリーなど、どちらでも生育可能な品種もあります。

秋まき	春まき
スイートバイオレット、チコリ、フィーバーフュー、コーンフラワー、ポットマリーゴールド、ロケットサラダ、ボリジ、ディルなど	バジル、シソ、パセリ、ヒソップ、ナスタチウム、ルバーブ、セージ、チャービルなど

種子まきの手順

1 種子を選ぶ

用途や香りといった好みのほか、育てる環境も確認して品種を選ぶ。種子がいちばん出まわるのは、まくのに適した時期。ショップやインターネットで購入できる。

2 まく場所を決める

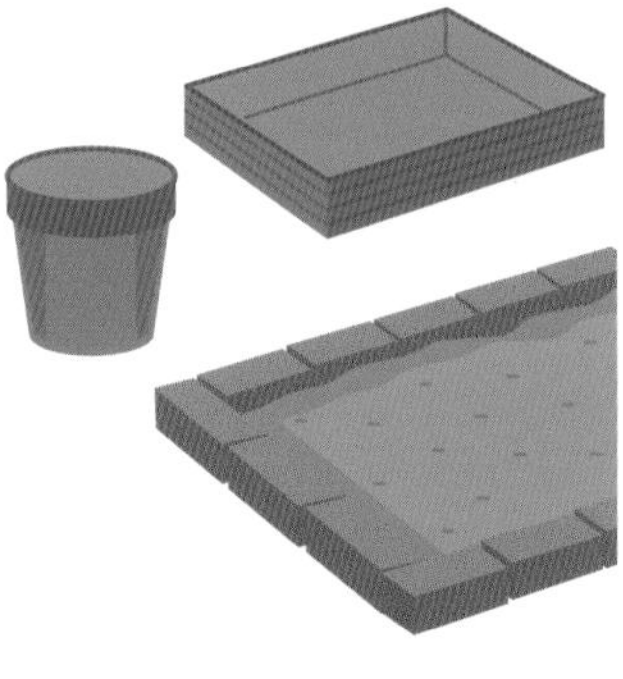

必要とする苗の量や性質などから、そのまま栽培できる場所にまく直まきにするか、ポットや箱などの育苗箱で発芽させるかを決める。

3 土を用意する

ポットやコンテナなど容器を使っての栽培には、専用の用土や容器も多く出まわる。直まきは品種ごとに、好む環境に合わせて栽培する場所を選び、肥料を施す。

2 まく場所

数株で十分な場合や移植を苦手とする品種には、ビニールポットが便利。たくさん必要な場合には、口径の広い浅い鉢やピートバンを。カモミールやヤロウなど広い範囲で育てる場合は花壇などに直まきにします。

3 容器を使っての種子まきに向く土

ビニールポットにはハーブ用の培養土、箱まきには移植する際にほぐれやすいバーミキュライトとピートモスの配合土などを使用。いずれも雑草の根や種子、雑菌が混ざっていない新しいものを。肥料は不要。

保水、排水、通気性に優れた市販の種子まき用土。ブレンド不要で手間いらず。(右から)「タキイたねまき培土」(50L)¥4,280／タキイ種苗、「オリジナルタネまき用土」(14L×3袋)¥3,820／サカタのタネ

4 まき方は主に3種類 種子の大きさで選ぶ

種子のまき方は主に条まき、バラまき、点まきの3パターン。種子の大きさや特性によって合った方法を選びます。箱まきや直まきなどいずれの場合も、なるべく種子が重なり合わないように気をつけます。また、割りばしやハガキなどの道具を用意すると便利です。

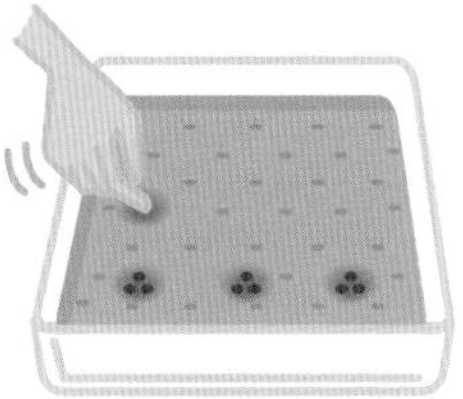

点《てん》まき

比較的大きな種子の場合。指で穴をあけ、ひとつの穴に2〜3粒種子をまく。発芽後は一カ所に一本だけ残るように間引く。

セージ、マロウ、パセリなど

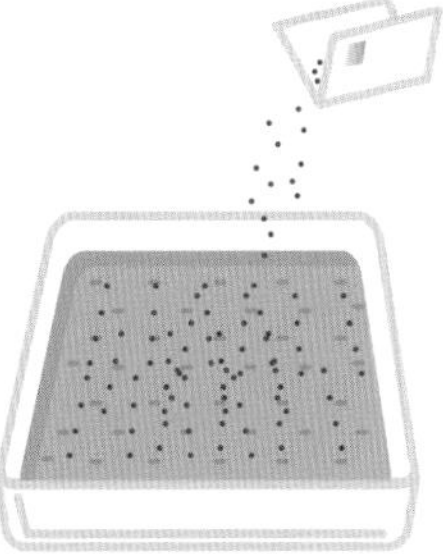

バラまき

まき床全体に均一になるように種子をバラまく。種子を指先でつまむか、細かい種子には、ハガキなどを半分に折ったものを利用する。

バジル、カモミール、コーンフラワー、シソ、カラミントなど

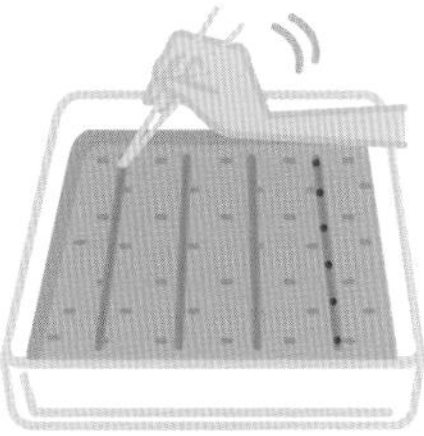

条《すじ》まき

細かい種子に最適。割りばしなどを使い、平行に土に溝をつける。ハガキを二つ折りにして種子をのせ、折り目を使って溝に落とす。

オレガノ、ヒソップ、ロケットサラダ、レモンバームなど

＊そのほか、ナスタチウムのように大粒の種子は、1粒ずつ植えるものもある。

4 適した方法でまく

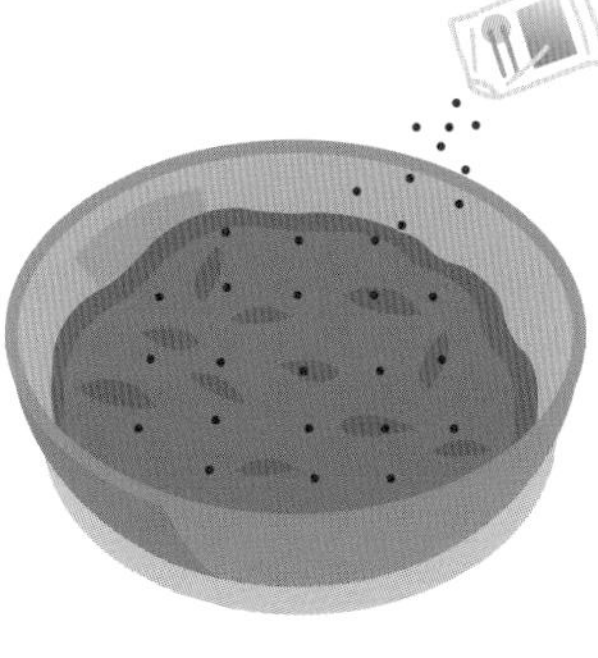

種子の大きさや必要な量、まく場所に応じて適した方法を選び、種子をまく。種子は一度土の上に置くと、見えにくくなるので気をつけて。

5 土をかぶせる

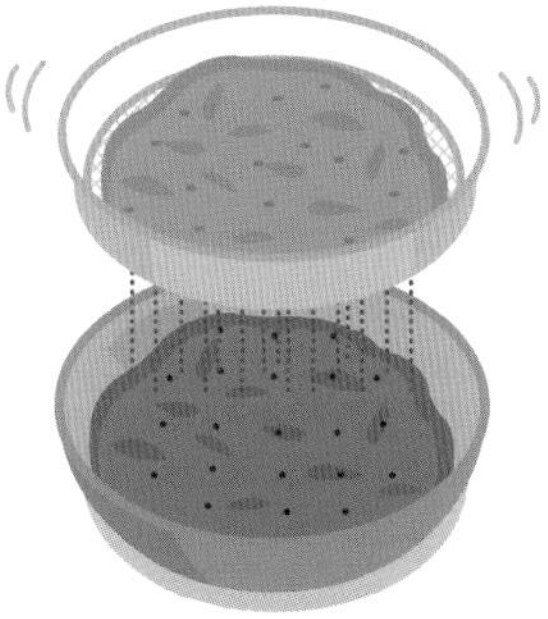

種子が隠れる程度に、フルイなどを使って薄く土をかける。発芽の際に光を必要とする品種は、厚くかぶせると発芽しないので注意。

6 水を与える

発芽には適度な水分が必要。ジョウロで水を与えると種子が流れてしまうことがあるため、受け皿に水を溜めて鉢底から吸水させる。

水でふくらむ種子まき用の土ポットで、そのまま定植できる。高級ピートモスを使用。「ジフィーセブン」(48個×1) ¥2,090／サカタのタネ

5 種子の乾燥を防ぐための覆土

発芽には水分が必要です。種子が空気にさらされたままでは乾燥しやすいので、軽く土をかけます。条まきや点まきの場合は指先で土を寄せても構いませんが、種子が指につかないように注意。細かい種子など品種によっては覆土が必要ないものも。

6 水切れに注意！

種子をまいてから発芽するまでは、水を切らさないよう十分に注意します。鉢皿などに水を張り、鉢の底から吸水させます。水はこまめにかえて新鮮な状態を保ち、表土の乾燥が激しい場合は、湿らせた新聞紙を鉢の上からかぶせるとよいでしょう。

7 間引きの役割

発芽が揃った頃、定植する予定の苗が大きく育つように、十分な空間を確保するため間引きします。形や色が悪いもの、茎が細く弱いものを抜き、苗同士の葉が重なり合わない程度に抜き取ります。食用ハーブのやわらかい間引き菜は小さくても香りがあるものが多いので、食卓で利用してみてもよいでしょう。

7 間引く

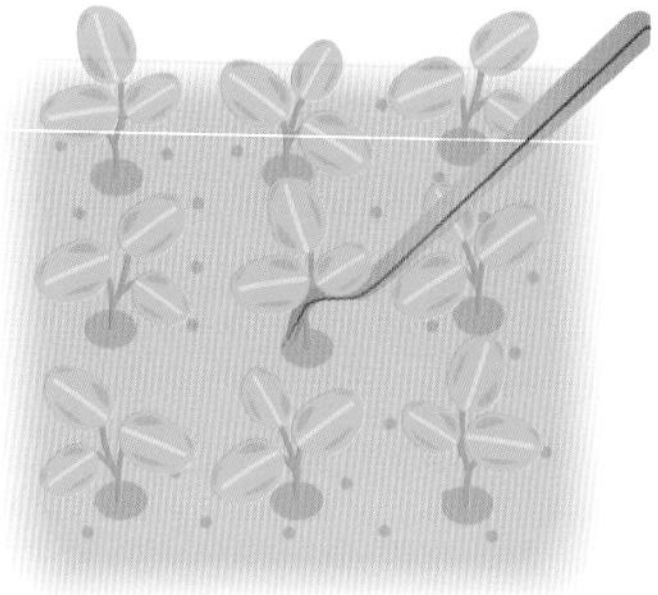

しっかりした苗を生かすため、まわりの弱そうな苗を手で引き抜く。芽が込み合っている場合はピンセットなどを用いて、お互いの葉が触れ合わない程度まで抜き取る。

8 鉢上げする

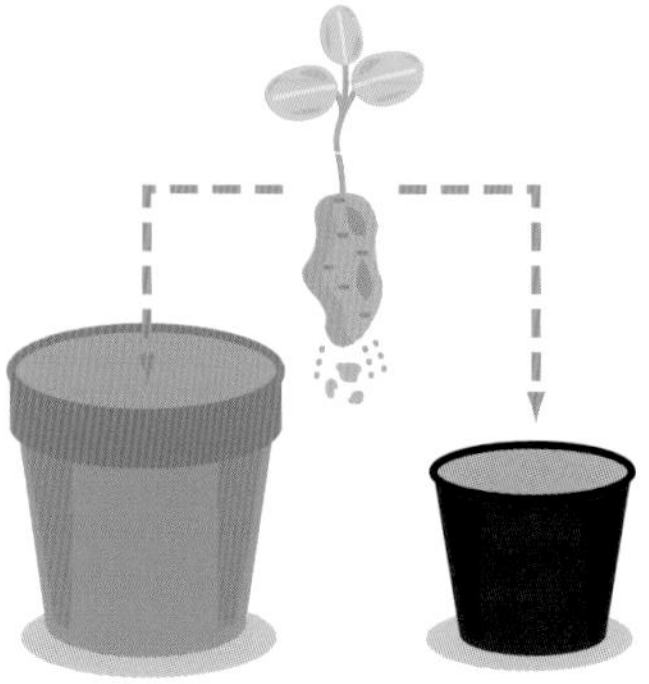

本葉が2、3枚揃ったら、鉢への植えかえ時。苗をなるべく周囲の土と一緒に掘り上げ、丁寧に育苗用のポットや鉢に植えつける。

9 定植

寄せ植えや地植えにする時、鉢上げの時点で苗が小さすぎるなら、ポットのまま十分な大きさまで生長させてから定植する。

球根ハーブを鉢植えする場合

球根は深さと向きがポイント

ここでは一般的な球根の植え方を紹介します。芽と根が出る球根の上下方向を間違わないように。また、植えつける土の深さは品種ごとに異なるので注意しましょう。

【手順】

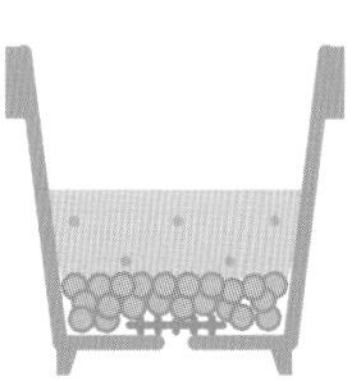

① できるだけ深めの鉢を用意して、鉢に鉢底ネット、鉢底石を敷き、培養土を入れる。

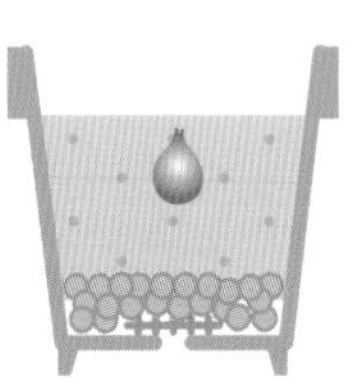

② 球根の上下を確認。球根の根がのびるスペースを考慮しつつ、球根を置く。鉢縁から2、3cm下までウォータースペースをとって土をかける。

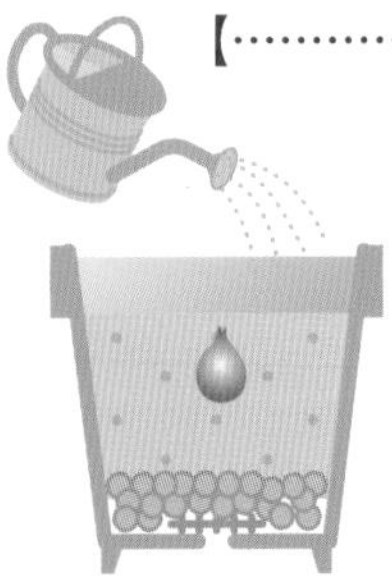

③ 植えつけ後は、鉢底から水が流れ出るくらいたっぷり水やりを。

02 これだけ押さえておけば大丈夫

大切なのは置き場と水やり

失敗しやすいポイント

●水のやり忘れ

大部分のハーブは乾燥に強いが、忘れずに水を与える。水やりを忘れないように、目の届く場所に鉢を置く。

●置き場所を間違える

日陰で管理しない。ほとんどのハーブは日光を好むので、日なたで管理する。

●肥料の施しすぎ

必要以上に肥料を施さないこと。多くのハーブはあまり肥料を施さなくても生育し、施しすぎると根が傷んで枯れてしまう。

●水のやりすぎ

水をやりすぎない。用土の表面が乾いてから水を与えるが、草花よりもやや乾かしぎみに管理する（乾燥を嫌うハーブを除く）。

置き場と水やりに気をつけよう

ひと口にハーブと言ってもいろいろな種類があります。乾燥を嫌うもの、過湿を嫌うもの、暑さを嫌うものなど、それぞれ性質が異なり、性質に合った育て方をする必要があります。

基本的に丈夫なものが多いので、置き場と水やりに気をつけさえすれば栽培は簡単です。肥料をあまり必要としないほか、やっかいな病害虫にやられにくいので、手がかかりません。

収穫できて、観賞価値が高い

ハーブが順調に生育していれば、使いきれないほど大量の葉や花を収穫することも夢ではありません。スーパーなどで市販されているパック入りのハーブを購入する必要はなくなり、好きな時にいつでもフレッシュなハーブを利用できます。

また、収穫できるだけでなく、ハーブには園芸植物として観賞価値が高い種類が少なくありません。育てる喜び、観賞する喜び、収穫する喜び、利用する喜びなど、さまざまな喜びを与えてくれるハーブ。まずは栽培を始めてみましょう。

03 鉢植えの水やり

過湿を嫌うハーブと、乾燥を嫌うハーブ

ハーブは、過湿を嫌う種類と、乾燥を嫌う種類に大きく分けることができます。水やりで失敗しないためには、それぞれの性質に合わせた水やりを行う必要があります。

過湿を嫌うハーブは乾かしぎみに管理

ローズマリーやラベンダーなど、地中海沿岸が原産のハーブは、年間降水量が少ない気候下に自生しているため、過湿を嫌います。水を与えすぎると用土が過湿になって、根腐れをおこして枯れてしまいます。

ハーブ以外の草花と同じ感覚で水を与えると、やりすぎで失敗してしまうこともあります。くれぐれも用土が過湿にならないように注意し、乾かしぎみに管理します。

乾燥を嫌うハーブは水切れに注意

ミント類やレモンバームなど、乾燥を嫌うハーブは、水切れをおこすと葉がしおれてしまうので、用土が乾きすぎないうちに水を与えることが大切です。特に夏場は水切れをおこしやすく、一日1回の水やりでは不足することもあるので、表土の乾き具合をこまめにチェックして、乾燥には十分に注意してください。

水やりのポイント

●たっぷり与える

水が用土全体に行き渡るように、鉢底から水が流れ出るまでたっぷりと与える。水分供給のほか、用土に残った古い空気を水やりによって鉢の外に押し出して、新鮮な空気を根に供給する効果もある。

●用土の表面が白っぽくなったら与える

水分を含んだ状態と乾いた状態では用土の表面の色が異なるので、乾いて白っぽくなったら水を与える。また、用土は乾き具合によって鉢の重さが変わるので、手に持った時の重さで判断したり、指で用土に触れて湿り気の有無を確かめたりして、水やりのタイミングを判断することもできる。

●夏は日中に水を与えない

夏の日中に水を与えると、日光を浴びて熱くなった用土で水が熱せられて、根を傷めてしまう。夏の水やりは、日差しの強い日中を避け、午前中か夕方の涼しい時間帯に行う。炎天下で水切れしてしおれかかっている緊急時は、鉢を日陰に移動させてからたっぷりと水を与える。

●冬の水やり

冬は、晴れた日のあたたかな午前中に与える。曇りの日や、午後遅くに水を与えると用土が乾かないうちに夜間に低温の影響を受けて根が傷むほか、用土が凍結しやすくなる。

鉢やコンテナで栽培する場合、土に直植えした場合と比べて乾燥しやすいので、水やりに特に気をつける。種子まき直後や芽を出したばかりの小さい苗の場合、種子が流れ出たり、幼い苗が傷んだりするので、ジョウロのハス口を上向きにするなどして、水の勢いを抑えて水やりするとよい。

過湿を嫌うハーブ

セージ、ゼラニウム、タイム、
オレガノ、ラベンダー、
ローズマリー、ヒソップなど

セージ

ゼラニウム

タイム

オレガノ

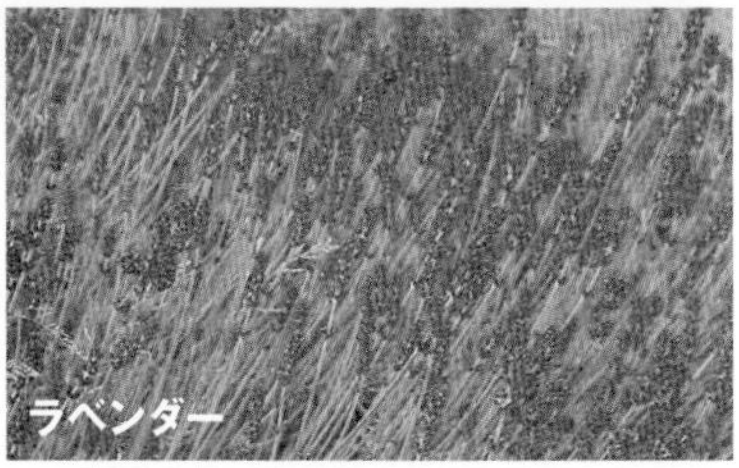
ラベンダー

ローズマリー

ヒソップ

乾燥を嫌うハーブ

シソ、ミョウガ、ミント、レ
モンバームなど

シソ

ミョウガ

ミント

レモンバーム

ミョウガ（花）

04 鉢植えの置き場

日当たりと風通しに注意

置き場のポイント

●日当たりのよい場所で管理する
日当たりがよくないと、ひょろひょろと徒長して、香りも薄くなる。

●風通しのよい場所で管理する
風通しが悪いと、蒸れて病害虫が発生しやすくなる。

●過湿を嫌うハーブは長雨に当てない
過湿を嫌うハーブは、梅雨時や秋の長雨に当てない（ラベンダー、ローズマリーなど、地中海沿岸地方原産のハーブ）。

●耐寒性のない種類は室内で冬越し
寒さに弱いハーブは冬は室内で管理する（レモングラスなど）。

●ベランダは照り返しに注意
ベランダに鉢を置く場合は、コンクリート床の輻射熱に注意が必要。コンクリートの熱で根が高温になって生育が悪くなったり、用土が急激に乾燥しやすくなったりする。デッキやレンガなどを敷くことで、輻射熱をやわらげられる。

●鉢は土の上に直置きしない
鉢を直接地面に置くと、根が鉢底から土中にのび出したり、病原菌や害虫が鉢底から侵入したりする。土の上に直に置かずに、レンガや台の上に置く。

多くのハーブは、日当たりと風通しのよい場所で管理する

日当たりと風通しのよい場所を選ぶ

多くのハーブは日光を好みます。日照不足で徒長したり、病害虫が発生しやすくなります。このため、ハーブは基本的に日当たりのよい場所で管理します。健全に生育させるためには、一日5時間以上、日光が当たる場所に鉢を置いてください。

また、風通しの悪い場所で管理すると、株が蒸れて生育が悪くなったり、病害虫が発生しやすくなったりします。できるだけ風通しのよい場所に置くようにします。

過湿を嫌うハーブは長雨に当てない

ローズマリーやラベンダーなど、過湿を嫌うハーブの多くは、乾燥した気候を好み、日本の梅雨時や秋の長雨が苦手です。

長雨によって用土が過湿になると、根が酸欠状態になって根腐れをおこして枯れるほか、株が蒸れて生育が悪くなってしまいます。梅雨時や秋の長雨にはできるだけ当てないように雨除けをし、用土の過湿に注意してください。

05 苗の選び方

健康な苗を選べば、失敗しにくい

病害虫がついていない、健康な苗を選ぶ

ハーブの苗の多くは、3号（直径9㎝）ぐらいのビニールポットに植えられた状態で、園芸店やホームセンターなどに出まわります。

実際に手に取って選ぶ際は、最初に、病害虫がついていないかを念入りにチェックします。次に、株元がぐらつかないか、徒長していないか、根詰まりしていないか、下葉や葉先が枯れていないか、などを確認し、問題のない苗を選んでください。

苗が出まわり始めたら早めに入手する

風通し、日当たりが悪い場所に置かれている苗、水やりが多すぎて用土が過湿になっている苗は、状態が悪くなっていることが多いので、なるべく選ばないようにします。

ハーブの苗は生育期を中心に出まわりますが、たくさん収穫するためには、苗が出まわり始めたら早めに入手してください。特に一年草のハーブは短期間に生育するため、多年草のハーブよりも肥料切れや根の傷みの影響を受けやすく、放置された苗は入手後にうまく育ちません。

苗選びのポイント

●病害虫がついていない
病害虫がついていない健康な苗を選ぶ。駆除が面倒な病害虫もあるので、葉の裏や株元を含め全体をよくチェックする。

●株元がぐらつかない
根がしっかり張っていれば、株元がぐらつくことはない。株元がぐらつく場合は、根がしっかりと張っていないか、根腐れをおこしている。

●根の状態が健康
根詰まりや根腐れをおこした苗は生育に障害を生じ、回復に時間がかかる。鉢穴からのび出た根が茶色に変色している苗は要注意。

●徒長していない
日照不足になると、徒長して茎が間のびした状態になり、しっかりとした姿にはならない。

●下葉が枯れていない
下葉が枯れていると、観賞価値を損なうだけでなく、根詰まりし、株が老化している恐れがある。

●葉先までピンとしている
葉先が枯れている場合は、観賞価値を損なうだけでなく、根に障害が生じている恐れがある。

●葉の色が鮮やか
葉の色が薄い苗は、適切な管理が施されていないか、肥料切れ、病気の可能性がある。

●一年草
発芽してから、生育、開花、結実し、枯れるまでのサイクルが1年以内の植物。生育サイクルが1年以上2年以内のものは二年草と言い、両方を一緒にして一・二年草と言う。

●多年草
一・二年草とは異なり、開花、結実しても枯れずに生育を続け、茎が木質化しない植物。多年草のうち、休眠期に地上部だけが枯れ、地中の根や茎が生き残る種類は宿根草（しゅっこんそう）と言う。

●樹木
茎が木質化し、年々生長し大きくなっていく植物。大きく分けると一年中葉がついている常緑樹と、冬の休眠期に葉が落ちる落葉樹に分けられる。高さ30m以上にもなるものから、数センチの小さなものもある。

06 ハーブの用土

赤玉土と腐葉土で始めよう

用土のポイント

●赤玉土
赤土を乾燥させたもの。通気性、排水性、保水性に優れる。崩れやすいため、できるだけみじん（粒が崩れてできた粉末）が少ないものを選ぶ。大粒、中粒、小粒があるが、ハーブには中粒を使用する。

●腐葉土
広葉樹の落葉を発酵分解させたもの。通気性、保水性に優れる。葉の大きな断片が残っているものや、すっぱい臭いがするものは、発酵分解が進んでいないため避ける。

●バーミキュライト
蛭石（ひるいし）を高温処理し膨張させた人工用土。通気性、保水性に優れる。

●パーライト
真珠岩を砕いて高温処理した人工用土。通気性、排水性に優れる。

●基本の配合
通気性、排水性、保水性のバランスのよい、赤玉土7：腐葉土3の配合で育てる。ハーブの性質に合わせて、パーライトを加えた排水性重視の配合（赤玉土6：腐葉土3：パーライト1）や、バーミキュライトを加えた保水性重視の配合（赤玉土6：腐葉土3：バーミキュライト1）で育てることもできる。

●市販の「ハーブの培養土」
ハーブの栽培用に何種類もの用土を配合し、弱アルカリ性に調整した手軽な用土。メーカーによって、配合内容、比率が異なるほか、品質に差がある。

赤玉土

腐葉土

バーミキュライト

パーライト

赤玉土はみじんを抜いてから使用する

多くのハーブを栽培する際に用土のベースとなる赤玉土は、粒が崩れやすく、粉末状になったみじんが混ざった状態で市販されています。そのまま使用すると、根腐れをおこしやすくなって、排水性が悪くなります。このため、赤玉土を使う際は、袋の底に残った細かい土（みじん）は使わない、あるいはフルイで除くなどして使用します。特に用土の過湿を嫌うハーブは、注意してください。

石灰で酸度調整する場合は、加えすぎない

地中海沿岸地方を始め、多くのハーブは弱アルカリ性の土壌に自生しています。このため、土壌酸度（pH《ペーハー》）が酸性の場合は、石灰を加えて弱アルカリ性にしますが、加えすぎると強アルカリ性になってしまい生育が悪くなります。

赤玉土、腐葉土をベースとした用土では弱酸性になりますが、多くのハーブは弱酸性や中性であっても問題なく育つので、pH測定器具がなければ、無理に石灰を加えて弱アルカリ性にする必要はありません。

07 ハーブの肥料

用土が肥沃ならあまり施さなくても育つ

肥料のポイント

●肥料の三要素

肥料には、肥料の三要素と呼ばれる窒素（N）、リン酸（P）、カリ（K）が含まれ、
窒素は葉に、リン酸は花に、カリは根にそれぞれ働く。

施す時期による分け方

●元肥（もとひ）
植えつけの際に施す肥料。用土に混ぜたり、根に直接触れないように埋め込んだりする。緩効性肥料を使う。

●追肥（ついひ）
生育に応じて施す肥料。固形肥料を施す際は、株元ではなく鉢の縁に近い用土の上に置く。緩効性肥料（または速効性肥料）を使う。

効き方による分け方

●速効性肥料
すぐに効きめがあらわれるが、効果は持続しない。化成肥料。追肥用。

●緩効性肥料
少しずつゆるやかに効きめがあらわれ、効果が長く持続する。有機質肥料と、成分が少しずつ溶け出すように加工した固形の化成肥料がある。元肥、追肥用。

成分による分け方

●有機質肥料
油粕、魚粉粕、鶏糞、骨粉など、有機質を成分とした肥料。臭いが少なく、扱いやすいのは、油粕に骨粉などをバランスよく配合して発酵させた固形タイプ。緩効性で、成分が少しずつ溶け出し、効果が長期間持続する。

●無機質肥料
化学肥料、化成肥料など、化学的に合成して作られる肥料。すぐに効きめがあらわれる。

形態による分け方

●液体肥料
水で薄めて使う速効性化成肥料。すぐに根から吸収されるので、追肥として施す。

●固形肥料
固形の肥料。有機質肥料、緩効性化成肥料、速効性化成肥料がある。

施しすぎに注意して、有機質肥料で育てる

肥料で失敗しやすいのは施しすぎです。施しすぎると、根が傷んだり、病害虫の被害を受けやすくなったりするなど、植物に悪影響を及ぼすので、規定の施肥量を守って施します。

次々に花を咲かせる草花は、肥料分が不足すると花が咲かなくなるので、無機質肥料（化成肥料、液体肥料など）をこまめに施す必要がありますが、一年草の種類を除けば、多くのハーブはそれほど肥料を必要としません。腐葉土などの有機質をたっぷり含んだ、肥沃な用土で育てていれば、無機質肥料を使わずに有機質肥料だけで育てることができます。

一年草のハーブは肥料切れに注意

一年草のハーブには、短期間に生育するため、バジルのようにたくさんの肥料を必要とするものもあります。バジルの場合は、肥料分が不足すると葉、茎がかたくなって風味が落ちてしまうので、肥料切れさせないように注意します。必要に応じて有機質肥料だけでなく、無機質肥料（化成肥料、液体肥料など）も使ってください。

08 基本の植えつけ、植えかえ

根詰まり、根腐れをおこす前に作業を行う

植えつけの手順

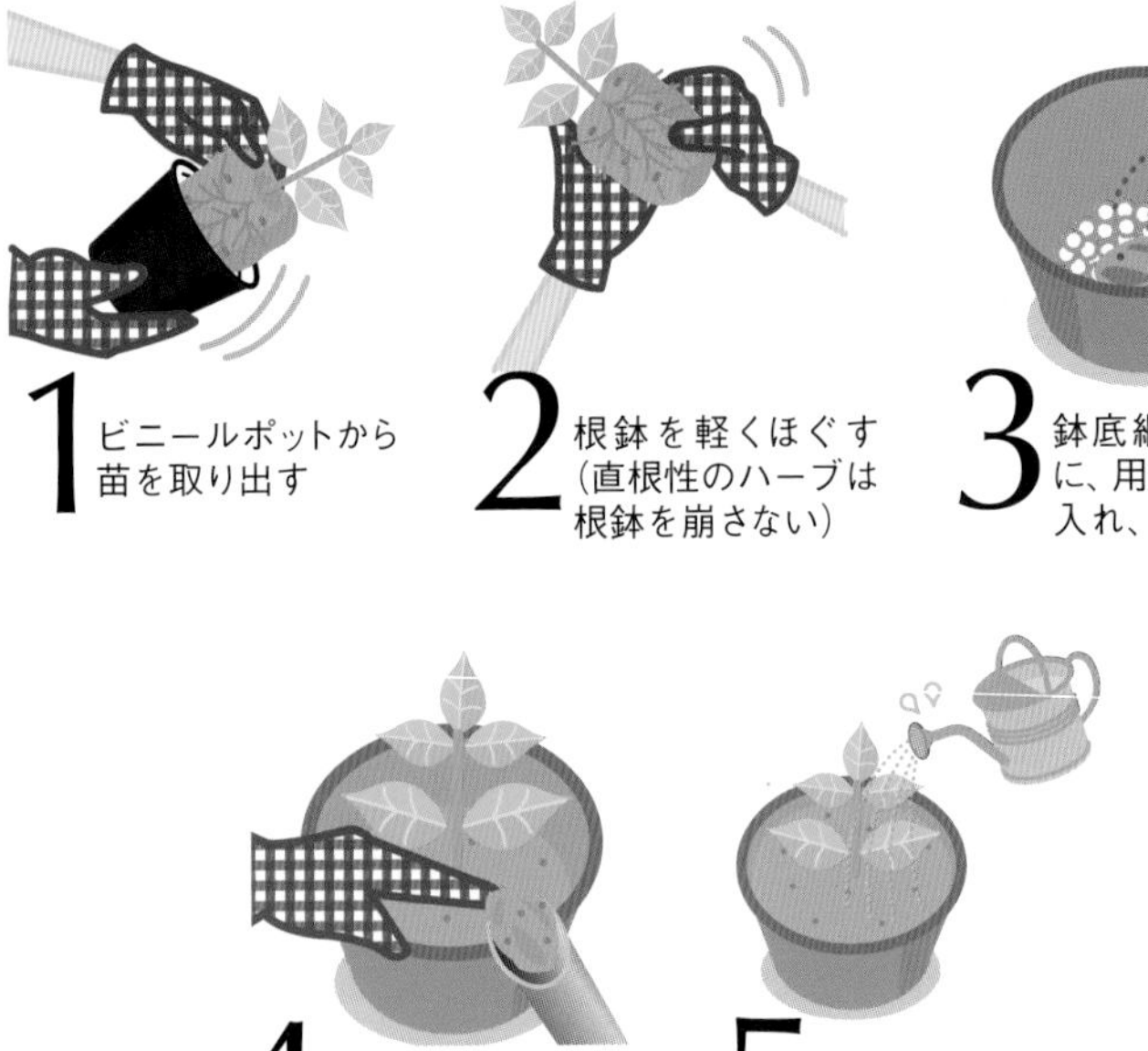

1 ビニールポットから苗を取り出す

2 根鉢を軽くほぐす（直根性のハーブは根鉢を崩さない）

3 鉢底網を敷いた鉢に、用土を1/3ぐらい入れ、苗を入れる

4 鉢と苗、株のすき間に用土を入れる

5 株元を指先で軽く押し、用土を安定させ、たっぷりと水を与える

植えつけ、植えかえの注意点

- ●根詰まりする前に植えかえる
- ●作業中に根を乾燥させない
- ●作業後は1～2週間ほど半日陰で管理する

苗を入手したらすぐに植えつける

ハーブの苗を入手したらすぐに、ひと回り大きな鉢や、プランターなどに植えつけます。植えつけが遅れると、根詰まりや肥料切れをおこすので注意します。

多くのハーブは根鉢を軽く崩してから植えつけますが、コリアンダーやパセリなど、直根性のハーブは、根を傷めると生育が極端に悪くなるので、根鉢を崩さずに植えつけてください。

1、2年ごとに植えかえる

鉢植えのハーブは、1、2年で鉢の中いっぱいに根がのびるので、定期的な植えかえが必要になります。植えかえが必要な時に植えかえないと、根詰まりや根腐れをおこし、ひどくなると枯れてしまいます。

植えかえの際は、植えつけ同様、ひと回りかふた回り大きな鉢を用意し、根を下から1/3～1/2ぐらい軽くほぐしてから植えつけます。手順は植えつけと同じです。

鉢のサイズを大きくしたくない場合は、根鉢を大きく崩して、同じサイズの鉢に植えかえます。

09 基本の管理
梅雨と夏をうまく乗り切る方法

管理のポイント

●切り戻し
のびた茎を切りつめる作業。高温多湿に弱いハーブは梅雨前に、収穫を兼ねて切り戻しを行う。オレガノやタイムのように地際近くまで切り戻すものや、ラベンダーのように花穂を脇芽の上で切り戻して樹姿を整えるものなど、切り戻す位置は種類によって異なる。
ゼラニウムのように、枝が古くなると姿が乱れて花つきが悪くなるものは、枝を更新するために1/2ぐらいの高さまで切り戻す。

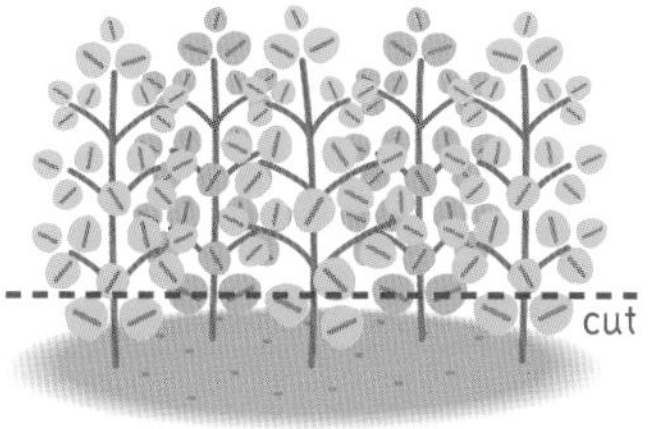

オレガノは地際からカット

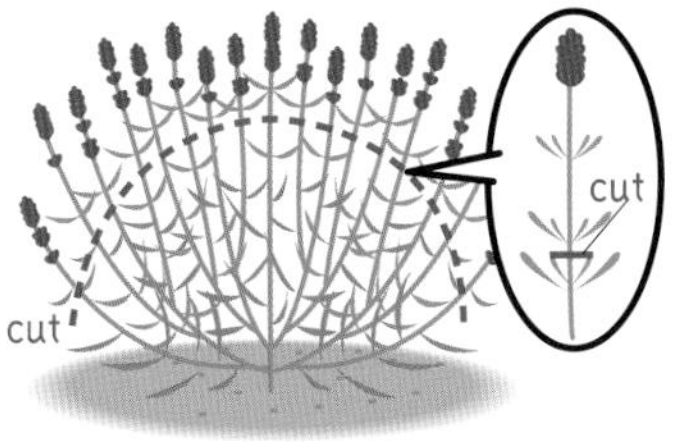

ラベンダーは花穂を脇芽の上で切り戻す

●摘心
枝の先端の芽を摘み取る作業。摘心によって脇芽の生育が促されて枝数が殖え、こんもりとした草姿、樹姿になる。バジルの場合は、苗のうちに数回、摘心しておくと葉の収穫量が増える。

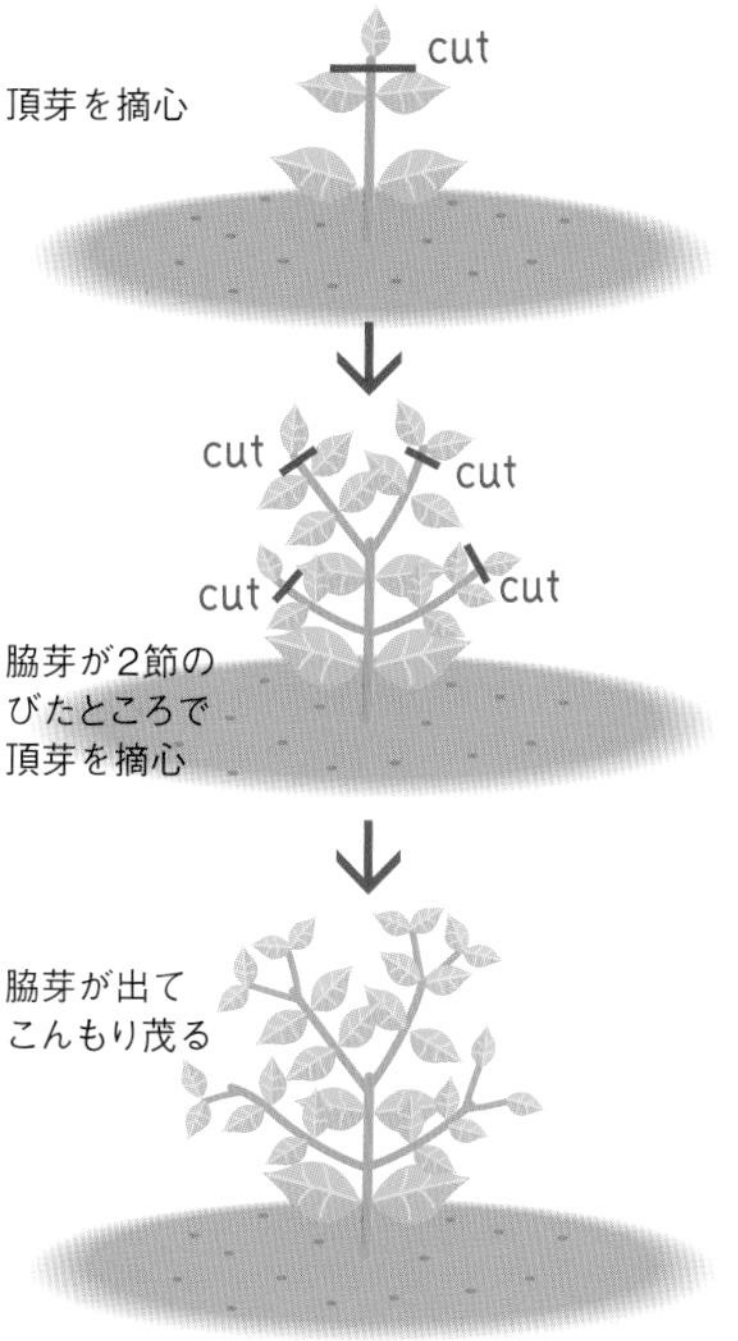

収穫を兼ねて梅雨前に切り戻す

ハーブには、高温多湿が苦手なものが少なくありません。日本で栽培するうえで問題となるのは、梅雨越しと夏越しです。梅雨は用土が過湿になるほか、雨が降っている間は日が差さないので、ハーブが日照不足で弱ってしまいます。何とか梅雨越しできても、その後に続く夏の暑さでさらに弱り、枯れてしまうことも。このため、梅雨前に収穫を兼ねて込み合った枝を切り戻し、株の中央に日が当たるようにします。切り戻すことによって、株が蒸れにくくなるほか、株の中央に日が当たるので、日照不足になりにくくなり、梅雨越し、夏越しで失敗することが少なくなります。

葉を利用するハーブは花を咲かせない

葉を利用する多くのハーブにも花が咲きますが、花を咲かせると、葉がかたくなるほか、特に一年草は株が老化して勢いがなくなります。品質のよい葉を収穫し続けるためには、花を咲かせないように。目立つ花を咲かせるものはあまりないので、種子を採らない場合は、花芽が見え始めたら早めに取り除いてください。

10 主な病害虫と対策

薬に頼らずに、早期発見で対処

健全に育てて病害虫の発生を防ぐ

ハーブは直接口にすることが多いので、できるだけ薬を使わずに育てたいものです。無農薬で育てたハーブを使えるからこそ、自分でハーブを育てる価値があります。

ハーブは基本的に丈夫なものが多いのですが、植物だけでなく虫にとっても環境のよい春や、ジメジメして病気が広がりやすい梅雨時は、不幸にして病害虫が発見されることもあります。おいしいハーブを、虫が放っておくはずがありません。まずは、元気な苗と正しい管理方法で病害虫と向き合ってみましょう。

無農薬栽培、有機栽培も難しくない

水やりのたびに、日頃から株の様子を観察する習慣をつけておけば、病害虫の発生初期に気づくことができるので、被害が大きくなる前に駆除できます。

園芸用の薬剤で駆除できますが、ハーブの場合は基本的に、病気は患部を取り除くことで、害虫は捕殺することでそれぞれ対応できます。無農薬栽培（無機質肥料を使わないのであれば有機栽培）で育てるのは難しいことではありません。

病害虫のポイント

●株元を清潔に保つ

花がらや傷んで枯れた葉は病気の原因になるので、見つけ次第、取り除く。

病害虫予防のチェックポイント

●葉や花が変色していないか

水やり、置き場、肥料などの管理が適切でない場合のほか、病気に感染している可能性がある。病気の場合は患部を取り除く。

●葉が食害されていたり、糞が落ちていないか

イモムシ、ケムシ、ナメクジなどが発生しているので、早めに見つけて捕殺する。夜間にだけ活動する害虫もいるので、日中だけでなく夜間も確認する。

●葉裏や鉢底に害虫がついていないか

葉の表側だけでなく、葉の裏側や鉢底に害虫が潜んでいることが多いので、定期的に確認する。

葉色が変化している

葉が食害され糞がある

葉裏や鉢底に害虫が潜んでいる

代表的な病気の症状と防除方法

病気名	被害の症状	防除方法
うどんこ病 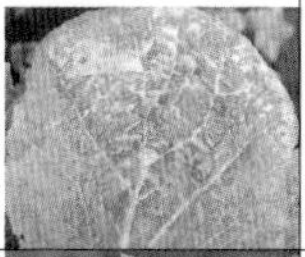	うどん粉のような白いカビが、葉や茎に発生する。	窒素が多すぎると発生しやすくなる。発病した部位を取り除く。
炭そ病・べと病 	カビによって、葉や果実などに斑点が生じる。	窒素が多すぎても、少なすぎても発生するので、肥料を適切に施す。風通しをよくする。
軟腐病 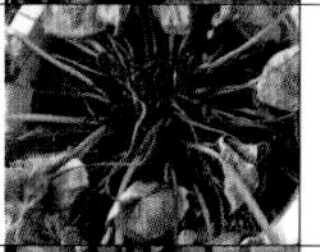	菌によって地際の部分が腐敗し、異臭を放つ。	高温多湿時に発生しやすいので、水はけ、風通しをよくする。発病した株は用土ごと処分する。
灰色かび病 	花がら、枯れた葉や茎に、灰色のカビが発生する。	低温多湿時に発生しやすい。風通しをよくし、過湿に注意。枯れた葉や茎、花がらをこまめに取り除く。

代表的な害虫被害の症状と防除方法

害虫名	被害の症状	防除方法
アブラムシ類 	花や葉の汁液を吸って、生育を阻害する。	手でこすり取るか、蓄圧式スプレーを用いて水の勢いで洗い出す。
ハモグリバエ（エカキムシ） 	葉の中に卵を産み、葉肉を蛇行状に食害する。食害部分が白くなり、絵を描いたように見える。	食害跡を発見次第、被害を受けた葉を切り取り、捕殺する。
ケムシ類 	葉や花、つぼみを食害する。	被害が大きくなる前に見つけ次第、捕殺する。
ハダニ類 	主に葉の裏に寄生して汁液を吸い、葉の表に小さな斑点を生じさせる。	高温乾燥時に発生しやすいので、水やりの際に、葉の裏にも水をかける。
ナメクジ 	葉や花を食害する。	ビールを入れた皿を鉢のそばに置くと、夜間、ナメクジが集まるので、捕殺する。

種子を扱うショップガイド

SHOP GUIDE

ガーデンガーデン

ハーブコーナーは、200種類以上のハーブ苗や鉢物を取り揃えているのが特徴。それ以外にも、庭やベランダ、室内を彩るグリーンや花鉢物、庭木、バラ苗、花苗、宿根草、多肉植物など、四季折々の植物を取り揃えています。

売れ筋ハーブ

ローズマリー
ディル
スイートバジル
ラベンダーグロッソ
ラベンダーゴースト

[購入方法] 店頭販売、または電話注文。

[DATA]

住所／宮城県仙台市青葉区上愛子字蛇台原 62-5
TEL ／ 022-391-8718　FAX ／ 022-391-8717
URL ／ https://www.nigachi.co.jp/
E-mail ／ garden@nigachi.co.jp
定休日／無休
営業時間／ 9:30 ～ 18:00（冬季は 10:00 － 17:00）

上野ファーム

宿根草を中心に400品種以上の苗を販売。庭に植えると美しいハーブも多く取り扱っています。園内にはさまざまなハーブを植えた4000坪のガーデン（有料）があり、育ち方や栽培の参考になる点も魅力。また、カフェも併設しています。

売れ筋ハーブ

エキナセア
モナルダ
アンジェリカ
タイム
エルダーフラワー

[購入方法] 店頭販売（取り寄せは非対応）。

[DATA]

住所／北海道旭川市永山町 16 丁目 186
TEL ／ 0166-47-8741　FAX ／ 0166-47-8731
URL ／ https://www.uenofarm.net
E-mail ／ info@uenofarm.net
定休日／ガーデン公開期間中は無休（冬季休園は10月中旬～4月中旬）
営業時間／ 10:00 ～ 17:00

大多喜ハーブガーデン

市原鶴舞ICから車で約20分。4500㎡の全天候型のガラスハウスガーデンです。ガーデンショップでは、苗以外にハーブを使った自社製品も販売しています。ガーデン内にはショップのほか、レストランやドッグランなども。

売れ筋ハーブ

セージ
ラベンダー
スペアミント
ローズマリー
タイム

[購入方法] 店頭販売（取り寄せは非対応）。

[DATA]

住所／千葉県夷隅郡大多喜町小土呂 2423
TEL ／ 0470-82-5331　FAX ／ 0470-82-4142
URL ／ https://herbisland.co.jp
E-mail ／ info@herbisland.co.jp
定休日／火曜
営業時間／ 10:00 ～ 17:00

バンディアハーブガーデン

厳選したハーブ種苗とハーブ製品が並ぶ小さなハーブガーデン。食品類は農薬や化学肥料を使わず栽培したものです。喫茶テラスで楽しめる、ハーブを使った手作りスイーツやオリジナルハーブソーセージのランチも魅力。

売れ筋ハーブ

レモンバーベナ
ローズゼラニウム
ローズマリー
ペパーミント

[購入方法] 電話、自社サイト、SNS、FAX などで注文可能。

[DATA]

住所／福島県耶麻郡北塩原村大字檜原字曽原山 1096-433
TEL ／ 0241-32-2829　FAX ／ 0241-32-2429
URL ／ https://bandia.jimdofree.com/
E-mail ／ bandia@sepia.ocn.ne.jp
定休日／木曜（冬季は水曜、木曜）
営業時間／ 10:00 ～ 17:00（冬季は 10:00 ～ 16:00）

元気な苗が手に入る　ハーブの苗・

しすい・ハーブガーデン　ハーブの丘

ショップではハーブ苗をはじめ、オリジナルブレンドのハーブティーなどハーブ関連商品を取り揃えています。また、1800㎡のハーブガーデンでは世界各地の150種類のハーブを植栽。夏季には「夏休みハーブ教室」も開催します。

売れ筋ハーブ
ローズマリー　ラベンダー
カモミール　ミント　レモンバーム

[購入方法] 店頭販売（取り寄せは非対応）。

[DATA]
住所／千葉県印旛郡酒々井町墨 1549-1
TEL・FAX ／ 043-496-4909
URL ／ https://herbshisui.wixsite.com/website
E-mail ／ herb.shisui@gmail.com
定休日／月曜（臨時休園あり。冬季休園期間は 12 月 1 日～ 3 月 31 日）
営業時間／ 10:00 ～ 16:00

大川原ハーブガーデン

矢切駅から徒歩約 11 分の住宅街にある小さなハーブガーデンです。ハーブ苗のほか、季節の花苗、ガーデン雑貨も販売。ハーブ苗は少量ですが、多品種取り揃えています。併設のケーキショップではおいしいケーキやハーブティーを楽しめます。

売れ筋ハーブ
ローズマリー　ミント　バジル
イタリアンパセリ
センテッドゼラニウムなど

[購入方法] 電話注文。入金確認後に発送。

[DATA]
住所／千葉県市川市北国分 2-2-2
TEL・FAX ／ 047-372-8808
URL ／ https://www.instagram.com/herbgarden_okawara/
定休日／水曜（夏季、冬季休業あり）
営業時間／ 10:00 ～ 17:00

グリーンギャラリーガーデンズ

香り、料理、ガーデニング用とさまざまな用途に合わせて、シーズン中は 50 品種以上のハーブを販売。10.5cm のテクポットのしっかりとした苗が中心です。また、緑を素敵にコーディネートできる植木鉢や雑貨も豊富です。

売れ筋ハーブ
バジル　ミント
レモングラス
コリアンダー

[購入方法] 店頭販売（取り寄せは非対応）。

[DATA]
住所／東京都八王子市松木 15-3
TEL ／ 042-676-7115
URL ／ https://gg-gardens.com/
E-mail ／ info@yoshida-fish-farms.com
定休日／不定休
営業時間／ 10:00 ～ 18:00（火曜は 10:00 ～ 17:00）

オザキフラワーパーク

料理やアロマ、ガーデニングの彩りなど、さまざまな用途に対応できるよう、選べる品揃えを心がけて多種多様なハーブを扱っているオザキフラワーパーク。観葉植物や多肉植物など室内の植物や園芸用品も豊富に取り揃えています。

売れ筋ハーブ
ローズマリー
ミント　ラベンダー
タイム　ディル

[購入方法] 基本的に店頭販売。春～秋の在庫がある時期限定で、自社サイトにてハーブセット（6 点）の販売あり。

[DATA]
住所／東京都練馬区石神井台 4-6-32
TEL ／ 03-3929-0544　FAX ／ 03-3594-2874
URL ／ https://ozaki-flowerpark.co.jp/
E-mail ／ info@ozaki-flowerpark.co.jp
定休日／無休（1 月 1 日、2 日は休み）
営業時間／ 9:00 ～ 19:00

かながわハーブナーセリー

無農薬で生産する安心・安全なハーブ苗約 80 品種の直売を行っています。病害虫の防除には木酢液やトウガラシ抽出液など、天然素材由来のものだけを使用。ハーブ農園では、フレッシュハーブの摘み取り体験も行えます。

売れ筋ハーブ
レモンバーベナ　ホーリーバジル
レモングラス
ローズマリー

[購入方法] メールで注文。問い合わせにも対応。

[DATA]
住所／神奈川県横浜市泉区和泉町 888
TEL ／ 090-1206-8665
FAX ／ 0466-77-1372
URL ／ https://kanaherb.web.fc2.com
E-mail ／ kanaherb@jcom.zaq.ne.jp
定休日／水曜、木曜
営業時間／ 10:00 ～ 16:00

ザ・ガーデン 本店 ヨネヤマプランテイション

春には100種類以上のハーブ苗を販売。その時期に状態の良い品を扱う生産者から仕入れるようにしているのが特徴です。定番のミントやローズマリーなどは常時10品種以上を品揃え。折々に「キッチンハーブフェア」などの催しも行っています。

売れ筋ハーブ

ミント　ローズマリー
ラベンダー
タイム
バジルなど

[購入方法] 店頭、または楽天市場にて販売。
https://www.rakuten.ne.jp/gold/peteco-thegarden

[DATA]

住所／神奈川県横浜市港北区新羽町 2582
TEL ／ 045-541-4187　FAX ／ 045-541-5711
URL ／ http://www.thegarden-y.jp
E-mail ／ info@thegarden-y.jp
定休日／無休（1月1日をを除く）
営業時間／ 9:30 ～ 19:00

木村植物園　ガーデン倶楽部

3000坪のガーデンセンターには草花、花木、野菜、ハーブ苗、ガーデン雑貨がたくさん。ハーブ&薬草園、菜園もあり、アロマや石鹸などの教室も多数開催。「お庭や外構の相談展示場」も併設し、ハーブライフをトータルに提案・サポートします。

売れ筋ハーブ

ローズマリー
タイム
ホワイトセージ
ミント
オレガノ

[購入方法] 店頭販売（取り寄せは非対応）。

[DATA]

住所／神奈川県平塚市土屋 241
TEL ／ 0463-59-0870　FAX ／ 0463-58-0545
URL ／ https://www.241.co.jp
E-mail ／ gc@241.co.jp
定休日／無休（12月31日～1月3日を除く）
営業時間／ 9:30 ～ 17:00（日曜は 9:00 ～ 17:00）

ハーブ庭園旅日記　勝沼庭園

約200種類のハーブと季節の花々が咲き誇る美しい大庭園。ショップでは、代表的なローズマリーやミントなどはもちろん、珍しい品種も含めて約100種類のハーブ苗を取り揃えています。また、ハーバリウムづくりなどの体験イベントも開催。

売れ筋ハーブ

ローズゼラニウム
ステビア
ローズマリー
サザンウッド

[購入方法] 店頭販売（取り寄せは非対応）。

[DATA]

住所／山梨県甲州市勝沼町等々力 1736
TEL ／ 0553-44-3715　FAX ／ 0553-44-3710
URL ／ https://herb-teien.com
E-mail ／ m.masuda@herb-teien.com
定休日／無休
営業時間／ 9:00 ～ 17:30（平日は 9:00 ～ 16:30）

緑山ハーブガーデン　ナチュラパス

ローズマリー、ラベンダー、ニオイゼラニウム、日本ハッカなどを多数取り揃えるほか、珍しい苗やスリット鉢入りの大きめの苗も販売。ハーブのワークショップも開催しています。また、喫茶室ではハーブ由来の天然酵母を使用したパンも販売。

売れ筋ハーブ

ローズマリー　ミント
タラゴン
ホップ　ユーカリ

[購入方法] 自社サイト、またはメール、FAX、郵便で注文。店頭販売も可。

[DATA]

住所／神奈川県横浜市青葉区奈良町 1734-2
TEL ／ 045-962-1683
FAX ／ 045-962-2303
URL ／ https://www.naturapath.jp/
E-mail ／ herb@naturapath.jp
定休日／不定休（店頭、インスタグラムにてお知らせ）
営業時間／ 9:30 ～ 17:00（冬期）、9:30 ～ 19:00（夏期）

おぎはら植物園　上田店

1979年創業の老舗園芸店です。併設の自社農場で栽培した苗のほか、国内外からも積極的に苗を導入し、ハーブのほか宿根草、樹木など取り扱い品目は約4000種類。ここでしか入手できない珍しい植物も多数揃えています。

売れ筋ハーブ

マロウ
エキナセア
ミント
セージ
ハーブツリー

[購入方法] 店頭、または楽天市場にて販売。
https://www.rakuten.co.jp/ogis/

[DATA]

住所／長野県上田市芳田1193
TEL ／ 0268-36-4074　FAX ／ 0268-36-4076
URL ／ https://www.ogis.co.jp/
E-mail ／ hana@ogis.co.jp
定休日／無休（年末年始を除く）
営業時間／ 9:30 ～ 17:30

日野春ハーブガーデン

約400種類のハーブ、宿根草の苗を冷涼な気候の八ヶ岳南麓にある自社農場で栽培しています。涼しい環境で育った、新鮮で丈夫なハーブ苗を販売。セール品や直売限定品種もあるのでお見逃しなく。

売れ筋ハーブ

タイム
ラベンダー
ローズマリー
ベルガモット
キンセンカ

[購入方法] 店頭販売、または自社サイトにて販売。冊子カタログ希望の場合は84円切手4枚を郵送。

[DATA]

住所／山梨県北杜市長坂町日野2910
TEL ／ 0551-32-2970　FAX ／ 0551-32-6966
URL ／ https://www.hinoharu.com/
E-mail ／ hino@hinoharu.com
定休日／木曜、年末年始
営業時間／ 10:00 ～ 17:00

グリーンスポット・デン

店舗内にあるガーデンスペースで、生長後の姿を確かめながらハーブ苗や鉢植えを購入できます。品種は約150種あり、初心者の方には要望に合わせた品種の提案も可能。ハーブガーデンづくりのプロデュースや現場作業も行っています。

売れ筋ハーブ

ローブマリー
ラベンダー
タイム
オレガノ　セージ

[購入方法] 店頭販売（取り寄せは非対応）。

[DATA]

住所／滋賀県高島市安曇川町下小川2530-4
TEL ／ 0740-32-4465　FAX ／ 0740-32-4465
URL ／ http://www.greenspotden.com
E-mail ／ herb@greenspotden.com
定休日／火曜、水曜、木曜
営業時間／ 10:00 ～ 17:00

メナード青山リゾート　ハーブショップ

ハーブや花を中心とした香りの商品を販売。ハーブ苗は、ハーブガーデンの近くにあるハウスで育てており、食用ハーブや多年草のハーブを中心に販売しています。また、広大なハーブガーデンでは花やハーブの摘み取り体験も。

売れ筋ハーブ

レモングラス
タイム
コモンセージ
ローズマリー
ミント

[購入方法] 店頭販売（取り寄せは非対応）。

[DATA]

住所／三重県伊賀市霧生2356
TEL ／ 0595-54-1326　FAX ／ 0595-54-1359
URL ／ https://www.menard.co.jp/resort/
E-mail ／ aoyama@menard.co.jp
定休日／開園期間4月29日～11月30日は無休
営業時間／ 9:00 ～ 17:00（最終受付16:00）

神戸布引《ぬのびき》ハーブ園　ハーバルマーケット

「美と健康」をテーマに、ハーブを五感で感じられる商品をラインアップ。時期により変動しますが、シーズンには 70 ～ 80 種類、約 800 ～ 1000 株の苗が店頭に並びます。標高約 400 mから神戸の街並みを見渡すロケーションも魅力です。

売れ筋ハーブ
ローズマリー
ラムズイヤー
オレガノケントビューティー
ホワイトセージ　ステビア

[購入方法] 店頭販売（取り寄せは非対応）。
[DATA]
住所／兵庫県神戸市中央区北野町 1-4-3
TEL ／ 078-271-1160
FAX ／ 078-271-1180
URL ／ https://www.kobeherb.com/
E-mail ／ info@kobeherb.com
定休日／無休（神戸布引ハーブ園に準ずる）
営業時間／ 10:00 ～ 17:00（季節により変動あり）

SORAMIMIハーブショップ

農薬・化学肥料不使用で育てた安全・安心なハーブ苗を販売するオンラインショップ（実店舗名は「グリーンノート」）。年間を通じて栽培適期のハーブを約 200 種類ご用意。簡単に始められる鉢植えセットが人気です。

売れ筋ハーブ
ローズマリー　タイム
ミント　ニオイゼラニウム
レモングラス

[購入方法] 自社サイト、または FAX にて注文。
[DATA]
住所／島根県松江市西津田 3-14-13
TEL ／ 0852-67-2857　FAX ／ 0852-67-2858
URL ／ https://www.qherb.jp/
E-mail ／ soramimi@qherb.jp
定休日／日曜、月曜
営業時間／ 10:00 ～ 18:00

ガーデナーズジャパン

エクステリアメーカー、タカショーが運営するガーデンセンターです。ハーブはキッチン、アロマなど各種の苗を多品種少量で販売。また、ハーブ以外の植物やガーデン雑貨など、さまざまな商品を扱っているのも魅力です。

売れ筋ハーブ
ローズマリー　ミント
ホワイトセージ　レモンバーム
ワイルドストロベリー

[購入方法] 店頭販売（取り寄せは非対応）。
[DATA]
住所／和歌山県海南市南赤坂 3-3
TEL ／ 073-482-3333　FAX ／ 073-482-3332
URL ／ https://gardeners-japan.jp/
E-mail ／ HP のお問い合わせフォーム
定休日／木曜
営業時間／ 10:00 ～ 17:30

むらかみ農園

静岡大学で植物の研究をしていたオーナーが作ったオリジナル園芸土で草花の苗を生産し、直売。春には農薬不使用で約 43 種類の食用ハーブを育てています。また、サルビア、ベルガモット、タイムなど観賞用ハーブを通年栽培。

売れ筋ハーブ
ディル　フェンネル　コモンタイム　ミント 18 種　チャイブ

[購入方法] 店頭販売（取り寄せは非対応）。
[DATA]
住所／岡山県岡山市南区浦安本町 107-2
TEL・FAX ／ 086-263-7733
URL ／ http://murakamifarm.jp
E-mail ／ mura87.nouen@gmail.com
定休日／無休（1 ～ 2 月、7 ～ 8 月は木曜）
営業時間／ 9:00 ～日没

蒜山《ひるぜん》ハーブガーデン・ハービル

西日本最大級のラベンダー畑や、約 200 種のハーブを植えたハーブガーデン、紫陽花園などがあり、さまざまな植物を観賞することができます。ガーデニングショップではハーブ苗はもちろん、かわいいガーデン雑貨も販売。

売れ筋ハーブ
ラベンダー　セージ　タイムほか

[購入方法] 店頭販売、または電話注文による宅配も可能。
[DATA]
住所／岡山県真庭市蒜山西茅部 1480-64
TEL ／ 0867-66-4533　FAX ／ 0867-66-4540
URL ／ https://hiruzen-herbgarden-herbill.jimdofree.com
E-mail ／ HP のお問い合わせフォーム
定休日／水曜（7月～8月は無休。12 月～ 3 月は休館）
営業時間／ 9:00 ～ 16:00

greenest《グリーネスト》

「緑のエンターテイメント空間」をコンセプトに、ワクワクする売場づくりに配慮。ハーブコーナーでは、高温多湿の九州で育てることを考え、品種ごとに入荷時期を調整するほか、耐暑性の高い品種を販売するなどしています。

売れ筋ハーブ
ラベンダーグロッソ
ローズマリーウィルマスゴールド
ローリエ
キャンディミント
レモングラス

[購入方法] 店頭販売（取り寄せは非対応）。
[DATA]
住所／熊本県合志市竹迫 2280　アンビー熊本内
TEL ／ 096-276-6889　FAX ／ 096-276-6793
URL ／ https://www.instagram.com/greenest.gn/?hl=ja
E-mail ／ nurse-gn@nishimuta.co.jp
定休日／無休
営業時間／ 9:00～22:00（3～8月）、9:00～21:00（9～2 月）

香山《こうざん》ラベンダーの丘

約 100 品種のハーブ苗は全国発送が可能。苗栽培用土に農業有用微生物（細菌、放線菌、酵母菌）を配合しているため、購入者が庭やプランターに植栽した際、微生物の働きにより土壌が改良され生育が促進されるのも魅力です。

売れ筋ハーブ
ラベンダーグロッソ
スイートバジル
ローズマリー　レモングラス
イタリアンパセリ

[購入方法] メール、電話、FAX にて注文。
[DATA]
住所／広島県世羅郡世羅町別迫 794-9
TEL ／ 0847-24-1108
FAX ／ 0847-24-1173
URL ／ http://www.mcat.ne.jp/~kurose/
E-mail ／ kurose@mail.mcat.ne.jp
定休日／日曜、祝日（開園は 4 月中旬～ 10 月下旬）
営業時間／ 9:00 ～ 17:00

おおがファーム

別府湾を一望する海岸線と美しい森に包まれた広大な園内で、200 種類のハーブを栽培しています。苗市場では珍しい品種も含めたさまざまなハーブ苗やこだわりの土などを販売。ハーブティーが楽しめるカフェも併設しています。

売れ筋ハーブ
ラベンダー
ロンギカウリスタイム
レモングラス　ミント
ローズゼラニウム

[購入方法] 自社サイト、または楽天市場にて販売。
https://www/rakuten.co.jp/ogafarm/
[DATA]
住所／大分県速見郡日出町大神 6025 番地 1
TEL ／ 0977-73-0012　FAX ／ 0977-73-0045
URL ／ https://www.ogafarm.com/
E-mail ／ lindenbaum@ogafarm.com
定休日／火曜
営業時間／ 9:00 ～ 17:00

Herrb《ハーブ》 & Rose《ローズ》

庭植えを前提としたコンパクトで日本の気候に合致した品種のハーブをメインに取り揃えています。苗は事前に試験栽培を実施。購入後 3 カ月間の苗保証を付与し、期間内に枯死した場合は同程度のものを届けてくれるので安心です。

売れ筋ハーブ
ジュニパーベリー
ラベンダー　エルダーフラワー
セイヨウニンジンボク
ローズマリー

[購入方法] 自社サイト、または Herb & Rose Yahoo 店、FAX にて注文。
https://store.shopping.yahoo.co.jp/bara-herb-rose/
[DATA]
住所／熊本県菊池郡菊陽町辛川 917-1
TEL ／ 096-285-6889　FAX ／ 096-285-6890
URL ／ https://www.herb-rose.com/
E-mail ／ info@herb-rose.com
定休日／木曜、8月13日～15日、12月29日～1月5日
営業時間／ 9:00～18:00（10月16日～3月15日は9:00～17:00）

使いたい目的別に引けるインデックス

お菓子に向くハーブ

ポプリに向くハーブ

お酒に向くハーブ

染色に向くハーブ

お茶に向くハーブ

入浴剤に向くハーブ

美容に向くハーブ

名前で引けるインデックス

肉料理に向くハーブ

魚料理に向くハーブ

サラダに向くハーブ

取材・撮影協力

香取園芸造園企画

〒213-0011
神奈川県川崎市高津区久本 1-16-21 フィオーレの森
☎ 045-857-6616

サカタのタネ

〒224-0041
神奈川県横浜市都筑区仲町台 2-7-1
直売部 通信販売課 ☎ 0570-00-8716

生活の木

〒150-0001
東京都渋谷区神宮前 6-3-8
☎ 03-3409-1781

タキイ種苗

〒600-8686
京都府京都市下京区梅小路通猪熊東入
☎ 075-365-0140（通販係）

ミヨシ

〒408-8533
山梨県北杜市小淵沢町上笹尾 3181
☎ 0551-36-5911（八ヶ岳営業育苗センター）

参考資料

『ハーブカラー図鑑』パッチワーク通信社
『ハーブの育て方・楽しみ方大図鑑』成美堂出版
『ハーブ』西東社
『ハーブ百科』ブティック社
『たのしいハーブ作り』主婦の友社
『ハーブ スパイス館』小学館
『心と体を健やかにする ハーブ・香草の楽しみ方』学研
『はじめてのハーブ作り Q&A』主婦の友社
『こころと体に効くハーブ栽培 78 種』成美堂出版
『ハーブ 育て方楽しみ方』家の光協会

本書は 2005 年刊行『特選実用ブックス花と庭 初めてのハーブ作り定番 50 種』、2013 年刊行『初めてのハーブ栽培手帖』（いずれも小社）の誌面を生かした、新装版です。巻頭の「ハーブスペシャリストの素敵な生活と楽しみ方 憧れのあの人の HERBAL LIFE」、巻末の「元気な苗が手に入る ハーブの苗・種子を扱うショップガイド」は、新たに取材・撮影をしてまとめたものです。

監修 小黒 晃（おぐろ・あきら）

1952 年群馬県生まれ。千葉大学園芸学部卒業。宿根草のエキスパートとして、TVや雑誌で活躍。初心者にもわかりやすい丁寧な解説には定評がある。

校正　株式会社円水社
編集制作　株式会社エフジー武蔵
編集部　原田敬子
表紙デザイン　齋藤彩子

新版 はじめてのハーブ栽培 定番 50

発行日　2023 年 3 月 10 日　初版第 1 刷発行

監修　小黒 晃
発行者　竹間 勉
発行　株式会社世界文化ブックス
発行・発売　株式会社世界文化社
〒 102-8195
東京都千代田区九段北 4-2-29
電話 03-3262-5118（編集部）
03-3262-5115（販売部）
印刷・製本　共同印刷株式会社

©Sekaibunka Books Inc., 2023. Printed in Japan
ISBN 978-4-418-23402-8

落丁・乱丁のある場合はお取り替えいたします。
定価はカバーに表示してあります。
無断転載・複写（コピー、スキャン、デジタル化等）を禁じます。
本書を代行業者等の第三者に依頼して複製する行為は、
たとえ個人や家庭内での利用であっても認められていません。